Dalla Preistoria al Web

Viaggio nel tempo alla scoperta della tecnologia

Daniele Bottoni Comotti

DALLA PREISTORIA AL WEB

Copyright © 2012 Daniele Bottoni Comotti

Tutti i diritti riservati.

Codice ISBN: **1976986303**

"Chiunque abbia il controllo della tecnologia ha nelle mani il mondo"

(Lex Luthor, citazione dal film "Superman Returns")

"A tutti coloro che hanno capito la portata del digitale, perché lo usino con sana ragionevolezza e con uno spirito di vera condivisione".

DALLA PREISTORIA AL WEB

PREFAZIONE

DALLA PREISTORIA AL WEB

Avete presente **Socrate**?

"So di non sapere" personalmente ho sempre creduto che il digitale, il web e in generale l'innovazione si basasse su questa affermazione.

Solo partendo dalla consapevolezza che la nostra ignoranza sarà sempre più grande delle nostre conoscenze si può accendere la scintilla della curiosità, che può portare ad una maggiore conoscenza.

Se ci pensate bene, l'affermazione di Socrate è quasi la base stessa del sistema informatico come lo conosciamo oggi: quante volte davanti ad un computer vi è apparsa la scritta "sei sicuro?" e noi piccoli uomini timorosi l'abbiamo sempre letta come una velata minaccia della macchina nei nostri confronti. Invece è la dimostrazione dell'esatto contrario, la macchina non è mai sicura, non ha la certezza di svolgere un'azione di cui non conosce lo scopo finale, la macchina è spesso programmata per una sequela di cause/effetto ma difficilmente è stata programmata per comprenderne le motivazioni... ed ecco che quel "Sei sicuro?" può essere visto non come una minaccia, ma quasi come una versione informatica dell'affermazione Socratica..." tu sai perché stiamo facendo questo vero? perché io non lo so..."

Ecco perché questo libro per me è importante: tutti noi abbiamo in mano, sulla scrivania del lavoro, o sul tavolo di casa, almeno uno strumento che abitualmente va online. Se fossimo delle macchine informatiche, potremmo dire che ognuno di noi conosce l'effetto, ovvero l'andare sul web. Ma dato che siamo esseri umani, e in quanto tali un pochetto superbi, crediamo anche di sapere la causa del nostro andare online confondendo a mio avviso il perché (guardare una pagina social, leggere una mail, o trovare i risultati della squadra del cuore) con la causa.

Daniele, l'autore del libro, ci racconta moltissime cause, ribadendo un altro concetto filosofico: "nessun uomo è un'isola" e quindi le invenzioni, le idee, i progetti sono collegati tra loro, come se il World Wide Web – letteralmente "Rete di grandezza mondiale"– non fosse altro che un effetto ineluttabile, per nostra fortuna, l'effetto di scelte e di idee nati secoli e millenni prima che la tecnologia ci permettesse anche solo d'immaginare il www.

Se ci pensiamo è un concetto semplicissimo, un concetto che ci hanno insegnato fin da piccoli, i geni del passato erano spesso "contaminati" e "contaminatori" tra varie arti e competenze, ad esempio **Leonardo** era ingegnere, pittore, sculture e molto altro ancora; **Newton**, uno dei padri della fisica moderna, era anche un alchimista (all'epoca era normale); **Benjamin Franklin** era uno scienziato, un politico, un giornalista; lo stesso **Steve Jobs** amava ripetere che si vedeva come un punto di congiunzione tra la cultura umanistica e quella scientifica.

Non importa quali e quanti esempi si possano fare, credo sia evidente come il fattore comune sia quella necessità di "unire i puntini", "mettere in contatto" o come diremmo adesso "creare rete".

Leggendo il libro, conoscerete non solo ciò che ci ha portato al web moderno, conoscerete non solo i fatti, le persone, e le occasioni. Ma credo avrete quasi una "rivelazione"; avete presente il film "Matrix", quando finalmente il protagonista riesce a vedere il codice binario che disegna la realtà virtuale in cui si trova? Facendo un volo pindarico, mi auguro che tutti voi abbiate la stessa "illuminazione" che vi permetta di comprendere la realtà concreta che ancora oggi disegna il nostro presente.

E se devo fare un augurio ai lettori, è che un giorno questo libro diventi un libro di testo delle nostre scuole, perché le nuove generazioni possano disegnare il nostro e il loro futuro "sapendo di non sapere" e alimentando la loro curiosità.

Oscar Badoino

RINGRAZIAMENTI

Questo libro è una riedizione, rivista ed estesa del precedente lavoro "L'uomo e il computer, una storia dentro la storia". (ed. Lulù, anno 2014).
Ho deciso di farne una versione "aggiornata" in seguito ad alcuni incontri personali che sono avvenuti in questi tre anni e che mi hanno consentito di "vedere" alcune vicende trattate nel precedente volume sotto una nuova e diversa luce.
A far scaturire questo confronto, in particolare, è stato l'incontro con alcuni Digital Champion (ora Campioni Digitali), con i quali in modo del tutto naturale è iniziata una collaborazione sui temi del "digitale", che ha dato via, innanzitutto, ad un confronto serio e critico su questi temi.
In questo senso ci tengo a citare, ringraziandoli, Oscar Badoino, instancabile innovatore del Verbano Cusio Ossola, "Campione Digitale" di Verbania, ed autore della prefazione di questo libro.
Pietro Capriata, Innanzitutto filosofo e poi grande programmatore. Massimo Uccelli e Massimo Ghielmi, il "massimo" che puoi aspettarti dalla consulenza tecnologica, Daniela Ferzola, grafica d'assalto e dispensatrice di pochi ma pratici ed utilissimi consigli! Ultimo, ma non ultimo, in questa speciale combriccola è il poliedrico Samuel Piana, anima, cuore, cervello... e gambe di LandExplorer, al quale devo un grazie particolare per il paziente lavoro di editing e per la postfazione che chiuderà la lettura di queste pagine.
C'è poi una persona in particolare che ci tengo a menzionare, ed è Francesco Piero Paolicelli, meglio noto come @piersoft, che non ho ancora potuto conoscere personalmente, ma che ho avuto modo di apprezzare in molte occasioni.
Francesco è un autentico "guru" del digitale ed in particolare degli "open data", (anche se limitare il suo sapere ad un solo settore è alquanto riduttivo), ma soprattutto, è una persona speciale, che sta pian piano, a suon di chilometri percorsi con il suo camper, e di lezioni tenute ai docenti, cambiando letteralmente la cultura del digitale nelle scuole e nelle PA italiane.
Se volete capire meglio cercatelo su google!.

Per correttezza nella comunicazione, e per non costringervi ad acquistare il primo libro, se non lo avete già, vi riassumo brevemente la premessa e le motivazioni che mi hanno indotto a raccontare, sia pure per sommi capi la storia della tecnologia, dalla preistoria fino alla nascita del web.

"Il computer sarà più di un oggetto da portare con noi o di uno strumento da acquistare: sarà il nostro passaporto per unanuova vita mediatica".

(Bill Gates, "La strada che porta a domani", 1995)

DALLA PREISTORIA AL WEB

PREMESSA

La storia della tecnologia, ed in particolare quella dei computer, che ne sono l'espressione più alta, mi appassiona da sempre. Il mio interesse per la materia ebbe però una vera e propria impennata negli anni 1987/88, quando ricevetti come regalo di Natale un Macintosh Classic.

Era un computer straordinario, soprattutto se paragonato alla dotazione informatica della mia scuola a quel tempo: schermo in bianco e nero da nove pollici, perfettamente integrato in un case che si poteva comodamente prendere e portare in giro a mo' di valigetta, ed un desktop con icone in bianco e nero, semplicissime ma talmente ben congeniate che a volte le rimpiango ancora oggi. Microsoft Word ed Excel erano disponibili e pronti all'uso. Ai tempi non conoscevo nulla della vicenda che stava alla base di quel "connubio", e nemmeno delle cause legali che segnarono una vera e propria guerra tra Apple e Microsoft, vicenda di cui vi parlerò più compiutamente nei prossimi capitoli. Oltre a tutto questo, come ciliegina sulla torta, c'era una bellissima stampante laser da 300 dpi, con cui potevo fare stampe così definite da fare invidia ai miei compagni di classe, ma soprattutto (e questo era l'aspetto più soddisfacente) ai miei insegnanti.

Allora non avevo certo idea di cosa avessi tra le mani e soprattutto di come sarebbe stato plasmato il futuro grazie a quell'innovazione; sapevo solo che, senza ombra di dubbio, in me, in quel momento, era nato un interesse di cui non avrei più potuto fare a meno. È stato così che i computer, prima il Mac, poi Windows e poi Linux, sono diventati parte inscindibile della mia vita, tanto da diventare anche il mio lavoro.

L'episodio che ha fatto scattare in me il desiderio (perché nella vita ci si muove sempre per rispondere a un desiderio!) di mettere per iscritto la storia dell'informatica è stato l'impatto con una classe di ragazzi di un corso professionale. Ero in aula e stavo spiegando l'utilizzo del software di videoscrittura che, tra l'altro, molti di loro conoscevano già (o almeno avrebbero dovuto...) per un retaggio delle scuole medie.

Eravamo quasi alla fine dell'ora ed ho concluso dicendo: "Salvate il documento utilizzando l'icona a forma di dischetto". È stato in quel momento che il solito clima semi festoso con cui ogni volta mi facevano notare che certe cose le sapevano già, improvvisamente si è interrotto, ed è calato un silenzio anomalo, quasi surreale. A quel punto li ho guardati in faccia e mi sono reso conto che la maggior parte di loro non aveva capito quello che avevo detto. È toccato al più spaccone della classe togliere tutti dall'imbarazzo: "ma cos'è sto dischetto?". Per un istante ho temuto che scherzasse... ma mi sono accorto che erano tutti seri. Non avevano mai associato l'icona del floppy al salvataggio dei dati, semplicemente perché non avevano mai visto un floppy disk. Non avevano esperienza diretta di uno strumento che ha caratterizzato così tanto l'inizio dell'informatica, da farlo diventare il simbolo per il salvataggio dei dati.

Dato questo primo impatto, per me sconvolgente, ho provato ad andare più a fondo e mi sono reso conto che oggi, soprattutto i più giovani, pur vivendo costantemente connessi Online tramite smartphone e tablet, sono spesso all'oscuro di una parte fondamentale di questa storia. Non hanno potuto vivere quegli aspetti dannatamente complicati che la mia generazione e quelle immediatamente vicine alla mia hanno potuto sperimentare in modo empirico. Connessioni via modem con apparati da configurare, stringhe da impostare, numeri di telefono da ricordare per trovare i nodi... il DOS... e tutta una serie di altre "diavolerie" con le quali abbiamo dovuto e voluto confrontarci a quei tempi (ricordo ancora la BBS civica del Comune di Milano).

Quelle esperienze fatte di cose imparate "rubandole" dall'amico più bravo o al tecnico della telefonia che veniva in casa, oppure le molte ore passate a cercare di decifrare i circuiti stampati pubblicati sulle tante riviste di elettronica, ci hanno dato una grande possibilità, ci hanno aiutato a partire dall'inizio, a comprendere e in qualche modo a vivere il senso di ciò che succede quando due computer comunicano. In qualche modo abbiamo imparato a coglierne, passatemi il termine improprio, "l'essenza".

Per le nuove generazioni, quelle dei cosiddetti "nativi digitali", è venuto a mancare, a mio avviso, questo aspetto di "costruzione" della tecnologia, che ci rendeva quasi obbligatorio il doverla comprendere per poterla usare. Oggi ci troviamo invece proiettati in un mondo dove tutto è, almeno all'apparenza, facile, dove tutto è già pronto, ed esiste un'App per ogni cosa. E se da un lato è vero che tutto è estremamente più semplice, d'altra parte questa "semplicità" determina spesso una rinuncia a comprendere il perché delle cose.

Sia ben chiaro, questo aspetto non limita affatto i ragazzi nell'utilizzo di tali mezzi, un settore nel quale, anzi, sono dotati di grande dimestichezza, ma, in qualche modo, il non conoscerne a fondo il significato e in ultima analisi, la storia, li rende dei perfetti utilizzatori, ma spesso, purtroppo, tremendamente inconsapevoli delle opportunità, ma anche e soprattutto della portata "mondiale" di quello che fanno quando utilizzano tali strumenti.

Un esempio su tutti è il tema delicato della condivisione delle informazioni sui social network. Se pensiamo che...

"Un popolo senza memoria è un popolo senza futuro",

... frase che riecheggia costantemente un po' in tutte le culture nel mondo, possiamo renderci conto del significato profondo di tale carenza. Se, per definizione, qualsiasi popolo che non conosce la sua storia è un popolo facilmente soggiogabile, vi lascio immaginare quanto questa affermazione sia calzante se viene applicata ad un popolo grande ed eterogeneo come quello formato da miliardi di persone che ogni giorno utilizzano degli strumenti informatici.

Conoscere la storia dell'informatica ovviamente non risolve la criticità e non elimina i rischi che sono presenti in questo ampio settore, ma a mio avviso, aiuta a coglierne meglio le opportunità, e mi pare proprio che questa sia una bella motivazione.

"I computer, in futuro, potrebbero arrivare a pesare solo una tonnellata e mezza"

(1949, previsione della rivista Popular Mechanics)

COS'È UN COMPUTER?

Una delle cose più scontate, ma anche più interessanti che noi oggi possiamo affermare senza gran timore di fare buchi nell'acqua è senza dubbio la seguente:

"Tutti usiamo, in modo più o meno assiduo, una serie infinita di strumenti informatici e lo facciamo in modo tanto normale ed automatico che spesso ne siamo perfino inconsapevoli".

Fin qui, direte voi, non c'è proprio nulla di strano o di anomalo, la tecnologia esiste, ne siamo praticamente circondati, la troviamo in qualsiasi piccolo o grande strumento che utilizziamo. Da quando ci alziamo al mattino a quando lavoriamo e perfino quando ci rilassiamo, utilizziamo comunemente, senza probabilmente nemmeno rendercene conto, una serie di strumenti tecnologici.
Ho tenuto una serie di docenze nei corsi di informatica ed ho incontrato tantissime persone che dicevano di avere una repulsione totale per l'utilizzo della tecnologia, per poi immancabilmente scoprire che, di fatto, erano perfetti conoscitori del "sistema operativo Android", con il quale entravano sui "social network", inviavano e ricevevano messaggi (per lo più, senza nemmeno la consapevolezza che stessero, magari, inviando o ricevendo un e-mail, piuttosto che un messaggio di WhatsApp).

Ma d'altro canto, ho visto dei veri e propri "negati" con il mouse, che si trasformavano in "assi" assoluti, quando si trattava di effettuare i giusti movimenti con il controller della "Wii" (la famosa console per videogiochi prodotta da Nintendo).

Ho incontrato massaie spaventate dal monitor del PC, che poi non avevano nessun problema quando si trattava di dover cercare una squisita ricetta su un tablet. Ho anche tenuto un corso in cui c'erano degli operai addetti al controllo numerico che, dopo aver seguito la lezione sul "foglio di calcolo", candidamente hanno proclamato:

"Ma questi calcoli, sono gli stessi che usiamo al lavoro!".

La nostra vita è sempre più permeata dalla tecnologia, sono tanti tra

noi quelli che, di fatto, vivono delle vere e proprie "vite digitali", dove gli amici non sono solo quelli in carne e ossa, ma ad essi si associano (e a volte si sostituiscono), quelli incontrati come "avatar" nei diversi social network.
A questo punto molti di voi penseranno che io stia per iniziare un'analisi, più o meno scientifica, sulle relazioni personali permeate dal mondo informatico... Mi spiace deludervi!
Il mio interesse in questi capitoli, l'oggetto che mi accingo ad analizzare è decisamente un altro.
Mi interessa iniziare un viaggio alla scoperta delle origini del computer. Mi interessa capire come oggi siamo arrivati a processori a 64 bit, ad Hard Disk da terabyte e a salvare dati su uno strato di silicio che posso infilarmi in tasca (le chiavette usb), tanto per fermarci agli strumenti di uso comune...

Insomma, mi va di capire quale è stata la storia di questa grande evoluzione tecnologica, che ha così profondamente inciso sulle nostre vite. Anche qui, però, occorre che io vi faccia una "sana" raccomandazione.
Questo mio viaggio non sarà un manuale tecnico e nemmeno un'enciclopedia. Non sarà mia cura segnalarvi ogni singolo avvenimento che ha caratterizzato le tappe di questa storia, sarà piuttosto un racconto.
Sarà l'appassionata narrazione di come la curiosità dell'uomo, messa alla prova dalle circostanze, abbia saputo applicarsi, dando origine a un susseguirsi di veloci innovazioni, che hanno portato la tecnologia praticamente nelle tasche di tutti.
Credo che, se potessimo guardare dall'alto del nostro tempo verso il basso, potendo ammirare come fossimo al culmine dopo una salita gli anni che ci hanno preceduto dal punto di vista delle innovazioni tecnologiche, ci accorgeremmo di trovarci di fronte, non ad un dolce pendio, bensì ad un vertiginoso strapiombo.
Per poter iniziare questo viaggio occorre sapere da dove partire, insomma un punto fermo ci vuole. Può esistere un viaggio che non abbia chiara la meta, forse, ma non esiste viaggio al mondo nel quale non sia chiaro il punto di partenza (beh certo... Che scoperta! Direte voi).

Il punto di partenza che vi propongo per questo viaggio è una

definizione molto misera e riduttiva di ciò che è oggi un computer ma che dice, di fatto, una sacrosanta verità.
La dice a tal punto che tale definizione è stata inserita nel programma dei corsi ECDL (la famigerata "Patente Europea del Computer"). Lo so, ormai vi ho sollevato una certa curiosità... Ebbene, la definizione di cui tanto vi ho decantato le "NON" doti, è la seguente:

"Il computer è un elaboratore, elettronico, digitale".

Lo so, state pensando... "beh che scoperta, lo sapevamo già", ma ora non avete scuse, io vi avevo già detto che non era una grande definizione!
Perché allora partire da questo un po' insulso assioma? La risposta, in fondo, è molto semplice: questa definizione chiarisce bene l'esigenza iniziale dell'uomo di fronte alla macchina.
Sempre secondo la definizione il computer deve essere:

"Un dispositivo elettronico in grado di elaborare delle informazioni immesse sotto forma di dati numerici, secondo una sequenza di istruzioni preordinate (il programma)".

Detta così, ditemi... non vi viene in mente una calcolatrice?

Una calcolatrice! Ci siamo! Siamo arrivati a capire cosa ha spinto l'uomo a mettere insieme pezzi di ferro e componenti elettronici...

L'uomo voleva una mano per CONTARE.

"Tutto qui?" Certo, tutto qui! Vi sembra poco? Sì, forse "Sembra" poco, ma immaginatevi di dover calcolare, muniti di carta

L'ERA DIGITALE

Immaginate di salire sulla macchina del tempo e di condurre insieme a me, un bel viaggio a ritroso nella storia.

"Da dove cominciamo?"
Calma, ora vi spiego.

Dunque, abbiamo detto fino ad ora che l'uomo si è inventato il computer per farsi aiutare in una *"missione impossibile"*: quella di contare. Ora, da quando l'uomo ha avuto l'esigenza di contare? Se la risposta a questa domanda fosse *"da sempre"* vi stupireste? Secondo me no.
Da un minuto dopo che è comparso sulla terra l'uomo ha avuto bisogno di contare.
Immaginatevi gli uomini delle caverne: dovevano poter contare i giorni e le notti per sapere, ad esempio, quando e come si spostavano gli animali che potevano cacciare.
Una volta avvistato il branco, che non era mai vicino al villaggio, magari si trovava al di là della montagna (la sfiga esisteva anche allora!), essi dovevano essere in grado di riferire al resto del villaggio il numero di animali e decidere quanti cacciarne per poter sfamare tutti, sciamano compreso.
Già, è risaputo infatti (e qui le fonti storiche si sprecano...) che lo sciamano non partecipava alla caccia, in compenso però aveva l'appetito di un dinosauro.
Una volta terminata la caccia e caricati gli animali in spalla o trascinati per tutta la montagna, questi venivano portati al villaggio e lì bisognava dividere le scorte (probabilmente, ma non è detto).
In quel caso era necessario contare quanti e quali pezzi dovevano essere distribuiti tra gli abitanti e quanti invece dovevano essere offerti in sacrificio alle divinità. Cosa questa, sempre a discrezione dello sciamano, del cui appetito vi ho già accennato...

Come facevano? Come si orientavano in tutto questo scorrere di matematica? Beh, in modo estremamente semplice... *Usavano le dita!*

Signore e signori, benvenuti nell'era digitale!

"Ma come, noi che abbiamo sempre pensato che l'era digitale fosse la nostra!"

Spiacente di darvi una seconda delusione, l'era digitale è iniziata qualche milione di anni or sono, infatti il termine inglese "*digit*" ("*cifra*"), deriva proprio dalla parola latina "*digitus*" ("*dito*").

Grazie al ritrovamento di alcuni documenti archeologici, sappiamo che il calcolo con le dita era utilizzato dagli Egizi dell'Antico Impero in un periodo che va dal 2600 al 2200 a.C.

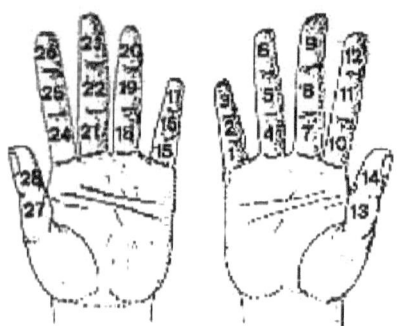

Figura 1 Ilustrazione da Georges Ifrah, Storia universale dei numeri

Attraverso il calcolo digitale essi furono in grado di rappresentare tutti i numeri fino al 9999, ed erano capaci di eseguire addizioni, sottrazioni, moltiplicazioni ma anche calcoli più complessi.

Anche gli antichi Romani avevano una certa dimestichezza con i calcoli effettuati con le dita. I Romani, si sa, erano un popolo di gente molto pratica e per loro, questo tipo di calcolo, divenne estremamente comodo nelle trattative commerciali.
Sono pervenute fino a noi una serie di "tessere numeriche" in osso e avorio, ciascuna rappresentante una specifica somma di denaro, che gli esattori consegnavano ai contribuenti come ricevuta. Quelle "monete" avevano impressa su un lato, la raffigurazione di una mano indicante il numero contrattato e sull'altra, la traduzione in cifre romane del valore corrispondente.

Figura 2 Monete romane, con la raffigurazione di una mano indicante il numero contrattato e sull'altra, la traduzione in cifre

Trovate tutto questo sorprendente? Io decisamente sì, e vi dirò di più. Tra i popoli di cui conosciamo l'abitudine all'utilizzo del calcolo digitale, troviamo anche gli aztechi del Messico precolombiano, i cinesi, gli indocinesi, gli indiani, i persiani, i turchi, gli arabi. Anche i cristiani d'Egitto erano abili con le dita, ma non possiamo tralasciare né dimenticare i popoli latini dell'Occidente medioevale.

Insomma, non c'è che dire, la storia del mondo è decisamente scritta con le dita!

In alcune isole dello stretto di Torres (un tratto di mare che si trova tra l'Australia e la Nuova Guinea), era in uso un singolare metodo per contare che prevedeva addirittura l'utilizzo dell'intero corpo: Quando specifiche parti del corpo venivano toccate, esse erano contraddistinte da un numero. Quel numero aveva valore, diciamo, "commerciale". La cosa più sbalorditiva sta nel fatto che, quell'antico metodo, è stato in uso fino al secolo scorso.

Adesso ditemi, chi di voi non ha mai utilizzato il termine *"a spanne"* per indicare una misura un po' approssimativa ... Ebbene, che ci crediate o meno, questo termine ha avuto origine in un passato decisamente lontano.
Spanne, palmi, cubiti e piedi, erano infatti gli strumenti "umani" a disposizione dei geometri e degli ingegneri egizi.
In particolare, *"il cubito"*, fu un'unità di misura particolarmente interessante e molto utilizzata nell'antichità, tanto che in alcuni paesi rimase in voga fino all'epoca medioevale.

La misura del cubito era di circa mezzo metro (44,7 cm ... se vogliamo proprio essere precisi) e corrispondeva idealmente alla lunghezza dell'avambraccio, a partire dal gomito fino alla punta del dito medio.

Si racconta che quando il popolo egizio cominciò ad utilizzare questo sistema ed ognuno si riferiva al proprio avambraccio, si generarono parecchie dispute soprattutto a livello commerciale.

Figura 3 Modello di cubito, Tarda XVIII dinastia

Bastava infatti che due persone, che dovevano concordare un prezzo o una quantità, fossero di statura differente, perché si notasse una significativa discordanza tra la misura indicata dal venditore e quella dell'acquirente. Sembra che alla fine fu posto rimedio ad ogni disputa, quando si decise di eleggere il cosiddetto "cubito regio", che riportava le misure del faraone regnante (52,3 cm), questo avvenne probabilmente durante la II^ dinastia, un periodo storico che va dal 2925 al 2700 a.C. circa.

A dimostrazione dell'importanza di questa unità di misura, abbiamo il campione rinvenuto a Deir el Medina, nella tomba di un capo artigiano risalente alla XIX^ dinastia; il cubito era uno strumento talmente prezioso per gli artigiani specializzati, da essere deposto insieme al defunto, perché egli potesse continuare il suo lavoro nei campi dell'Aldilà.

Benché diffuso in molte parti del mondo, non si può certo dire che il cubito rappresentasse un sistema di misura standard.

Esso, infatti, variava a seconda del sistema in uso nelle singole città.

Ad esempio, nella città di Atene, misurava circa 52,5 cm, ed era detto "pichis" (che in greco significa avambraccio) e secondo la mitologia si riferiva all'avambraccio di Eracle.

Il cubito romano misurava 44,43 cm, mentre quello sumerico era di 51,86 cm.

"Ma perché questa lunga disquisizione riguardo al cubito?" vi starete chiedendo ...

"Perché è così importante?"

Ve lo dico subito, state calmi!

E' importante perché segna un fondamentale passaggio tra una misura "personale", soggetta alla struttura fisica della persona che la sta effettuando, ad una misura "univoca". Tutti quanti, in Egitto, da allora, usarono l'avambraccio del faraone per le misure, ed egli si trovò tanto oberato di lavoro da non poterne più sopportare il carico, così furono nominati gli "psicologi regi"... (scherzo, naturalmente!).

Qui però è assolutamente necessaria una notazione, geometri ed ingegneri egizi erano già ampiamente in grado di utilizzare sistemi di misura costruiti con canne e corde, sapevano ad esempio che, se con una di quelle funi divisa in dodici segmenti uguali, si delineava un triangolo i cui lati misuravano 3, 4 e 5 "unità" (dove per unità si intendeva la distanza tra un nodo e l'altro), i due lati minori definivano un angolo retto. Con il cubito, però, si dà inizio, sia pur in modo approssimativo, ad un concetto che prima non esisteva:

"l'Unità di misura".

I PRIMI STRUMENTI

Vi ho già parlato del mio intento iniziale, che è quello di fare un bel viaggio tra le scoperte più significative, quelle che hanno reso il computer quello che è oggi. Ma intraprendere un viaggio nel tempo, senza avere – ahimè – a disposizione una macchina del tempo, non è esattamente uno scherzo.

Adesso non disperate! Lo si può fare certamente, a patto di mettere in campo una capacità fondamentale, di cui noi tutti, in quanto esseri umani, siamo dotati fin dalla nascita. È la capacità di immaginazione e (perché no!) di immedesimazione con i personaggi che via via andremo a delineare.
Tanto per cominciare, allora, potreste immaginare di trovarvi in Dalmazia, cioè in quella sottile striscia di terra dove i Balcani arrivano a lambire il mare Adriatico, quella che oggi comprende i territori dell'attuale Croazia, Bosnia e Serbia occidentale. Siamo in un periodo storico non esattamente delineato, ma presumibilmente intorno al ventimila a.C.
Indovinate un po' che lavoro avrebbe potuto fare un "dalmata" in quel periodo? Sì, va beh, non perdeteci la testa, ve lo dico!... Faceva il pastore. Immaginatevi ora di essere quel pastore e di essere al pascolo già da diverse ore, nel momento in cui il sole, già basso all'orizzonte, comincia a diminuire il suo splendore, per lasciare spazio all'oscurità; la giornata è finita ed è ora di ricondurre il bestiame nel recinto.
Supponiamo che il suo gregge sia composto da cinquantacinque pecore, ma il nostro pastore non ha idea di cosa sia il numero "cinquantacinque", lui sa solo che ha "tante" pecore. La notte precedente ha sentito l'ululato dei lupi e poi un gran belare e quando è uscito dalla grotta per controllare, ha trovato tracce di sangue ma, non sapendo contare, non ha potuto stabilire con esattezza quante pecore sono state uccise dai lupi.
Dopo la notte insonne gli balena in mente un'idea, ci rimugina tutto il santo giorno mentre porta in giro il bestiame e alla sera si convince di aver trovato una risposta al suo dilemma. Si siede all'entrata della caverna e fa entrare le pecore una ad una. Per ciascuna pecora che gli passa davanti, fa un intaglio su un pezzo di osso.
Le sere seguenti, facendo rientrare le sue pecore, sempre una alla volta, passa progressivamente il dito sull'intaglio da una estremità all'altra

dell'osso. Se il dito raggiunge l'ultima, il nostro pastore si sentirà tranquillo, poiché tutte le sue pecore sono al sicuro.

Ebbene, proprio in Dalmazia, sono stati ritrovati diversi bastoncini d'osso intagliati con i quali i pastori erano in grado di tenere una contabilità spicciola dei capi del loro gregge, pur non avendo nella loro cultura alcun concetto "*numerico*". Un antichissimo strumento utilizzato un po' ovunque per aiutarsi nei conteggi, era costituito da semplici sassolini.

Non a caso la parola "*calcolo*" deriva dal latino "*calculus*", che significa appunto sasso. La pratica rudimentale di contare ricorrendo ai sassolini subisce un notevole balzo in avanti, in alcune popolazioni del Medio Oriente, dove si iniziano ad utilizzare piccoli oggetti di argilla in sostituzione dei sassi. Il motivo? Diversamente dalle pietre, i sassolini di argilla potevano essere maneggiati fino ad assumere forme prestabilite.
La possibilità di distinguere la forma permise di compiere un importante passo avanti: un manufatto di argilla poteva indicare, a seconda della sua forma, valori diversi. Gli Assiri e i Babilonesi diedero a questi piccoli "*oggetti per numerare*" il nome di "*abnu*", cioè "*pietra*".

I Sumeri utilizzarono lo stesso criterio, dando a questi strumenti il nome di "*imna*", cioè "*pietra di argilla*", a testimonianza del materiale con cui erano stati fatti. In particolare, qualcuno, nelle regioni della Mesopotamia e dell'Iran, a partire dalla seconda metà del IV° millennio a.C., ebbe l'idea geniale di chiudere questi oggetti in un contenitore ovoidale che venne chiamato "*bolla*" (vi dice qualcosa questo termine? ci siamo imbattuti negli antenati delle nostre "*bolle di accompagnamento*"). Servivano a quantificare, ad esempio, l'ammontare di un debito o di un pagamento effettuato, oppure accertavano la registrazione di una proprietà. La chiusura della bolla impediva una accidentale dispersione dei sassolini stessi, garantendo la conservazione della memoria del conteggio, maggiormente convalidato con l'imprimere sull'esterno un sigillo, cosa che conferiva al tutto un valore "*giuridico*".
Il sistema però recava con sé uno svantaggio: per conoscere il numero e cioè il valore del contenuto della bolla, ogni volta essa doveva essere rotta ed eventualmente poi ricomposta e sigillata di nuovo. Fu così che a partire dal 3300 a.C., si decise di incidere sulla parte esterna della bolla

dei simboli corrispondenti ai diversi calcoli racchiusi all'interno, come una sorta di riassunto del documento contabile.

Le bolle a quel punto diventarono praticamente inutili, tanto che vennero progressivamente sostituite da una tavoletta di argilla, via via sempre più sottile, dove venivano riportati i dati relativi alla trattativa. Fu in questo modo che nacque la prima forma di scrittura di un numero, come "*disegno*" dell'oggetto che doveva rappresentare.

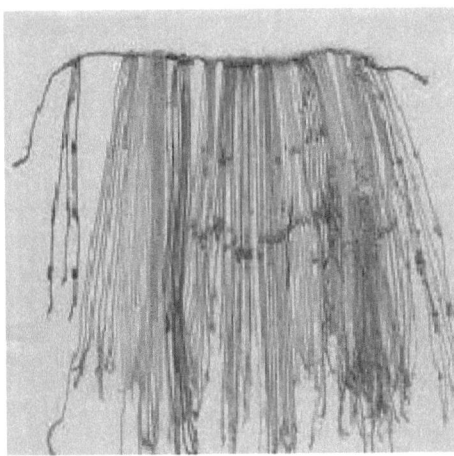

Figura 4 Uno dei quipu conservati presso il Museo de la Nacion di Lima

Lasciate ora che vi parli di un sistema di catalogazione delle informazioni a cui, ultimamente, ho dedicato diverso tempo. Il sistema di cui mi sto accingendo a raccontarvi è stato quello utilizzato dagli Incas, il "***Quipu***".

Il Quipu consiste in un insieme di cordicelle di cotone o di lana annodate. Esso veniva utilizzato per registrare e trasmettere un'ingente quantità di dati.

Gli Incas furono descritti da storici ed antropologi come un popolo metodico ed altamente organizzato, dove la burocrazia effettuava un monitoraggio costante delle aree sotto il proprio controllo. I funzionari trasmettevano e ricevevano costantemente da Cuzco, la capitale del regno, messaggi riguardo, ad esempio, al censimento della popolazione, alla produzione giornaliera delle miniere o al controllo delle merci nei magazzini.

Quei messaggi venivano trasmessi con un efficace sistema di corrieri terrestri, i "***chasqui***", i quali, grazie alla loro velocità e alla loro resistenza, erano in grado di percorrere migliaia di chilometri a piedi,

sfruttando lo sviluppato sistema stradale ed i ponti di corda situati sulle Ande peruviane e sui rilievi dell'Ecuador.
Questi corrieri arrivarono a spingersi fin lungo la costa dell'odierno Perù, nei territori situati tra Nazca e Tumbes. Giunsero fino alla Colombia, alla Bolivia, all'Argentina e al Cile, coprendo a piedi distanze di circa seicento chilometri con dislivelli elevatissimi ed altitudini medie di quattromila metri.

I messaggi dovevano quindi essere chiari, ma soprattutto, leggeri e facili da trasportare. Il Quipu era lo strumento più adatto per assolvere tale funzione ed era, inoltre, concepito in modo da poter durare nel tempo secondo una *"ricetta speciale"* che prevedeva che venisse bagnato, fatto seccare e incollato con resine particolari.
I nodi sulle corde erano di diversi colori e a seconda del numero e della loro posizione reciproca, indicavano le unità, le decine, le centinaia e le migliaia. Solo in tempi recenti, si sta facendo strada l'ipotesi che, nel codice dei Quipu, possa essere racchiuso anche un codice letterario oltre a quello numerico, anche in relazione al fatto che non sono mai stati fatti ritrovamenti riguardanti la scrittura del popolo incas.

Ancora oggi, i pastori peruviani e boliviani utilizzano una versione semplificata dei Quipu.

Un altro strumento che ebbe una grande diffusione in tutte le classi sociali fu l'abaco che, nella sua forma iniziale, era una semplice tavola di metallo, marmo o legno, ricoperta di polvere o di sabbia, e incisa con uno stilo o con le dita. Si presume che la parola abaco derivi dall'antica parola ebraica "***abaq***", il cui significato è proprio la parola "polvere" o anche l'espressione che significa "togliere la polvere".

Ma c'è un'altra etimologia secondo cui il termine "***abacus***" si riferirebbe a due radici aramaiche: a-legno e beqa-tagliare, quindi letteralmente a "*legno intagliato*".
Anche di quello strumento l'origine non è certa ed è in atto un contendioso tra chi sostiene sia stato creato in Babilonia nel II° millennio a.C. e chi, invece, sostiene che abbia un'origine ben più antica. (Vi ricordate la storia dell'assegnazione dei primati a cui vi ho già accennato? Ecco, qui la mia teoria trova ulteriore conferma... se mai

avesse necessità di conferme, s'intende!).

Figura 5 L'abaco di Salamina: Utilizzato dai Babilonesi intorno al V, IV sec. a.C., l'abaco era costruito in marmo, di forma rettangolare, sul quale erano incisi due gruppi di undici linee verticali attraversate da una linea orizzontale. Quest'esemplare venne ritrovato nell'isola di Salamina nel 1846

Sta di fatto che, inizialmente, gli abachi erano costituiti da una tavoletta sulla quale veniva sparsa della polvere o sabbia e dove poi venivano incise le notazioni temporanee dei calcoli che dovevano essere eseguiti (la versione arcaica del Notepad); furono poi suscettibili di diverse evoluzioni, dapprima vi vennero praticate delle scanalature dove posizionare i valori delle unità, decine e centinaia, partendo da sinistra verso destra. In seguito, si apportarono modifiche alla struttura, introducendo dei bottoncini che erano in grado di scorrere lungo l'asse della tavola e a quel punto assunse un aspetto molto simile a quello dell'odierno abaco.

Figura 6 Mercato Russo negli anni '50, l'abaco era l'unico strumento di calcolo utilizzato (E. Montella, 2004 - Mini storia dei

Tanto per dare un'idea dell'importanza che hanno avuto gli abachi in alcune culture, vi dirò solo che, in Russia, fino agli anni '50 essi venivano utilizzati come strumento unico di calcolo nelle normali attività quotidiane di commercio.

Adesso torniamo per un attimo con la mente alla scuola elementare; immaginiamo di trovarci (solo per un istante, non vorrei risvegliare troppi brutti ricordi...) a lezione di matematica, uno degli argomenti che ci hanno procurato tante preoccupazioni sono stati senza dubbio le tabelline (non so a voi, ma a me le tabelline di preoccupazioni ne hanno procurate parecchie...).

Ora, dove si studiavano le tabelline? Sulla *"tavola pitagorica"* ovviamente, vi sentirei rispondere in coro, se solo il libro fosse interattivo... ebbene, sì... ed il suo nome è dovuto ai discepoli di Pitagora i quali, per non commettere errori di calcolo nella moltiplicazione e nella divisione, si servivano di una figura particolare alla quale diedero il nome di "tavola o mensa pitagorica" in onore del loro maestro.

Una menzione particolare la si deve ai calcolatori astronomici, di cui il più grande esempio, ma anche qui il dibattito è aperto, è il monumentale complesso megalitico di Stonehenge, situato nella piana nei pressi di Salisbury in Inghilterra: la disposizione attenta degli enormi blocchi di pietra e la particolare sistemazione del terreno, permettevano di studiare attentamente il cielo attraverso un sistema che da alcuni studiosi viene definito *"un computer dell'età della pietra"*.

L'ECCEZIONE NELLA STORIA ANTICA

Potevamo a questo punto non parlare dei Greci? Eh no, non sarebbe stato possibile: i greci furono un popolo da sempre dedito a tutte le arti, ci basti pensare alla filosofia o alle scoperte in campo matematico, fisico o astronomico, che essi raggiunsero.

Non starò qui ad enumerarvi e a descrivervi tutte le scoperte di Pitagora (di cui vi ho già accennato), di Archimede e soci, perché sarebbero davvero troppe ed esulerebbero in gran parte dall'argomento che si sta trattando; tuttavia, di una di quelle, proprio non posso fare a meno di raccontarvi.

Nel 1900 in Grecia, in un tratto di mare tra il Peloponneso e Creta, un gruppo di pescatori di spugne dovette rifugiarsi, a causa di una tempesta, sull'isoletta rocciosa di Cerigotto (o Anticitera). Quando la tempesta cessò, essi decisero di tornare al lavoro e cominciarono le immersioni, ma il primo pescatore tornò velocemente in superficie spaventatissimo, gridando ai suoi compagni che sul fondo c'erano tantissime *"donne nude morte"*.
Le successive immersioni chiarirono il mistero. Al largo dell'isola, alla profondità di circa 43 metri, essi scoprirono il relitto di una nave naufragata agli inizi del I° secolo a.C.
L'imbarcazione trasportava oggetti di prestigio, tra cui statue in bronzo e marmo; ed al suo interno, furono recuperati diversi reperti dei quali uno, in particolare, attirò l'attenzione dell'archeologo chiamato ad esaminarli.
Un reperto che, a prima vista, sembrava un semplice blocco di pietra ma, al cui interno, visibile solo in piccola parte, era inglobato un

Figura 7 La macchina di Anticitera originale, così come è stata ritrovata sul fondale

ingranaggio.
Grazie ad esami più approfonditi si scoprì che si trattava di un sofisticato meccanismo, fortemente corroso ed incrostato, composto da tre parti principali e da decine di altri ingranaggi più piccoli. Le analisi che vennero svolte fecero risalire, con certezza, la costruzione del reperto al 150 a.C. circa.

La macchina, dalle dimensioni di 30 per 15 cm, con uno spessore di 7,5 cm, era costruita in rame e montata in una cornice di legno. Si trattava di un sofisticato meccanismo ad orologeria ed era ricoperta da oltre duemila caratteri di scrittura, dei quali circa il 95% è stato decifrato (il testo completo dell'iscrizione non è ancora stato pubblicato). Come potrete ben immaginare, le ipotesi sul suo funzionamento furono moltissime e non prive di polemiche, soprattutto da parte di chi sosteneva che il meccanismo fosse troppo complesso per appartenere al relitto.

Il mistero intorno allo strumento cominciò a svelarsi solo nel 1951, quando lo storico della scienza inglese Derek de Solla Price iniziò uno studio che durò circa 30 anni, grazie al quale scoprì che si trattava di un planetario, mosso da ruote dentate, che serviva per calcolare il sorgere del sole, le fasi lunari, i movimenti dei cinque pianeti allora conosciuti (quelli visibili ad occhio nudo), gli equinozi, i solstizi, i mesi, i giorni della settimana e secondo un recente studio, le date dei giochi olimpici.

Insomma, si trattava di un vero e proprio computer; per l'esattezza, il primo computer meccanico della storia o almeno (e qui mi sembra doveroso sottolinearlo), è il primo di cui siamo venuti in possesso.
Dal punto di vista costruttivo il meccanismo era costruito attorno ad un asse centrale. Quando l'asse girava, entrava in funzione un sistema di ingranaggi, che faceva muovere delle probabili lancette a diverse velocità, intorno ad una serie di quadranti.
Price riuscì a ricostruire la macchina solo parzialmente in quanto mancavano alcuni ingranaggi.
Negli anni scorsi, un gruppo di ricercatori britannici, greci e statunitensi, l'***"Antikythera Mechanism Research Project"***, ha potuto approfondire ulteriormente l'analisi del meccanismo, applicando moderni metodi di studio come la tomografia

computerizzata.

Il gruppo di studiosi, coordinato da Michael Wright, un ingegnere del Museo delle Scienze di Londra, fu così in grado alla fine del 2008 di ricostruire completamente l'antico computer, anche grazie ai nuovi frammenti rinvenuti durante le successive immersioni.

È una copia esatta dell'originale, con le stesse dimensioni e gli stessi materiali. Sul pannello frontale ci sono due quadranti sovrapposti che riportano lo zodiaco e i giorni dell'anno. Delle lancette indicano la posizione del sole, della luna e dei cinque pianeti.

Il quadrante superiore rappresenta il *"Ciclo Metonico"*, cioè il ciclo dei 19 anni. In questo modo è possibile mantenere un calendario sincronizzato sia con il corso del sole che con quello della luna.

Quello inferiore invece è diviso in 223 parti e fa riferimento al cosiddetto *"Ciclo di Saros"*, usato per prevedere le eclissi.

Figura 8 Vista laterale del modello ricostruito, Museo archeologico nazionale di Atene

Tanto per dare un'idea, il Ciclo di Saros è un periodo di 18,03 anni (223 mesi sinodici) al termine del quale si ripetono le stesse eclissi lunari e solari. Durante un Saros avvengono 29 eclissi di Luna e 41 eclissi di Sole. L'aspetto assolutamente straordinario della macchina di Anticitera è che una tale precisione meccanica la ritroviamo solo in meccanismi creati intorno al 1050 d.C. con la realizzazione dei primi calendari meccanici.

Capirete bene a questo punto quale sia stata l'eccezione a cui ho accennato nel titolo del capitolo; il **"*Meccanismo di Anticitera*"**, pur rimanendo ancorato alla sua origine nel periodo ellenico, ha precorso i tempi di almeno duemilacinquecento anni, collocandosi "idealmente", ma a pieno titolo, nella storia moderna.

A questo punto abbiamo compiuto un incredibile passo avanti nella storia e siamo giunti ad esplorare epoche che ci risultano più vicine e più facilmente "navigabili"; ma vi preannuncio che anche qui le cose non saranno tutte limpide e chiare, anzi, forse proprio per il fatto che avremo a disposizione moltissime fonti di informazione, alcune anche molto discordanti tra loro, dovremo fare un bel po' di fatica per trovare delle notizie esatte.

La storia è un osso duro e vende a caro prezzo le informazioni.

Ci siamo allora, l'era moderna sta per sfornare i primi nomi di coloro che si sono cimentati nella costruzione dei computer e dei loro antenati. Poteva secondo voi mancare da questa narrazione quel genio di **Galileo Galilei**? Nossignore, eccolo anche lui a cimentarsi con quello che venne chiamato *"Compasso geometrico et militare"*; era il 1597, quando sfor- nò una sorta di regolo calcolatore composto da due aste graduate ed incernierate con cui era possibile eseguire radici quadrate e cubiche e molte altre operazioni.

Gli impieghi del regolo si estesero anche alla topografia, all'agrimensura ed alla balistica; egli stesso creò un manuale in italiano (non in latino), che venne stampato in un centinaio di esemplari.

Una curiosità legata al regolo calcolatore è che fu anche oggetto di un tentativo di plagio che però (fortunatamente per Galileo), venne sventato dalle autorità.

Un altro tassello importante della nostra vicenda fu quello introdotto da *John Napier*, noto come **Giovanni Nepero**, un matematico, astronomo e fisico scozzese, che nel 1614 ideò un congegno chiamato i *"bastoncini o ossi di Nepero"* che erano in grado di ridurre la moltiplicazione e la divisione a semplici procedure di manipolazione, con elaborazione semi meccanizzata; essi rimasero in uso per circa un secolo, permettevano di moltiplicare o dividere un numero qualunque per un numero di una sola cifra.

Nepero fu importante nel mondo accademico anche per l'invenzione dei logaritmi.

LE MERAVIGLIE DELLA MECCANICA

Immaginate adesso di trovarvi in Europa tra il 1500 e il 1700; in quel periodo scoppiò la moda degli orologi automatici.

Figura 9 L'orologio calcolatore di Wilhelm Schickard nella ricostruzione fatta dal Barone Bruno von Freytag Löringhoff, professore di matematica dell'Università di Tubinga in Germania.

Essi raggiunsero una notevole precisione, nonostante gli ingranaggi (le ruote dentate) fossero di legno. Ne venivano costruiti di complessi e monumentali, ed erano in grado di indicare non solo l'ora, ma anche le fasi lunari ed i segni zodiacali. Spesso erano accompagnati da affascinanti musichette e figure in movimento.

Fu grazie all'osservazione ed allo studio di questi meccanismi che il matematico tedesco **Wilhelm Schickard**, docente all'università di Heidelberg, progettò e costruì una macchina in grado di eseguire le quattro operazioni principali e la radice quadrata.

Quel macchinario, detto *"orologio calcolatore"*, era in grado di eseguire i riporti e per mezzo di un campanello, indicava il superamento del limite di cifre (overflow); il suo principio costituisce la base di tutte le macchine calcolatrici fino alla comparsa del primo calcolatore elettronico.

Purtroppo, Schickard non riuscì a realizzare materialmente la sua macchina; di essa ci rimangono solo gli schizzi del progetto che egli inviò al suo amico **Giovanni Keplero** nel 1623 per informarlo della sua invenzione. Il prototipo, realizzato in legno da un artigiano dell'epoca, fu vittima di un incendio e poco tempo dopo l'inventore morì di peste bubbonica; era il periodo della Guerra dei trent'anni.

Nel 1650 **Edmund Gunter**, matematico inglese, inventò il "***regolo*** *calcolatore*" con il quale era possibile calcolare potenze, radici quadrate e cubiche. Ebbe una diffusione vastissima e venne usato da tecnici ed ingegneri fino all'inizio degli anni '70, epoca in cui comparvero le calcolatrici tascabili.

Lo strumento originale era formato da due righelli che scorrevano l'uno nell'altro in modo da poter eseguire le operazioni come somma o differenza di segmenti.

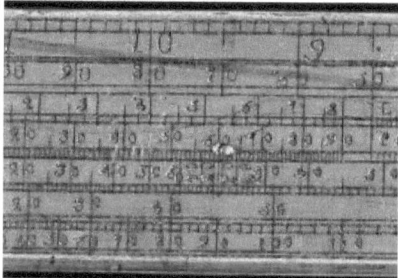

Figura 10 Il "Regolo Calcolatore"

Nel corso degli anni l'uomo ha progettato e costruito molti regoli di forma e dimensione diverse, adatti a varie esigenze di calcolo: regoli lineari, circolari, cilindrici e così via.

Anche un gesuita, il tedesco **Gaspard Schott** (1608-1666), si cimentò nella corsa ai sistemi di calcolo ed inventò un sistema con una serie di cilindri, su ciascuno dei quali era incisa una serie completa di bastoncini di Nepero. I cilindri erano poi montati in una scatola così che potessero essere girati singolarmente, per poi leggere il risultato grazie a delle finestre poste sul coperchio.

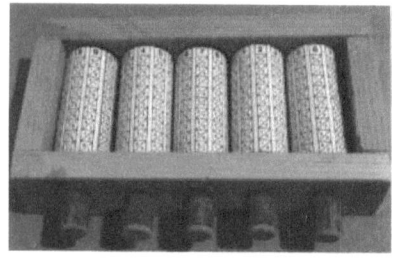

Figura 11 Ricostruzione dei cilindri di Schott

Il sistema, funzionante a livello teorico, incontrò notevoli problemi dal punto di vista strutturale, per via dell'imprecisione dei materiali che compromisero notevolmente i risultati, aumentando la possibilità di errore.

Nonostante qualche inevitabile insuccesso, la squadra degli *"eroi del computer*" aveva ancora degli assi nella manica; fu così che mise in campo una giovane promessa: si trattava del diciannovenne **Blaise Pascal** (1623-1662), matematico francese (che poi, più tardi, inventerà anche il noto calcolo delle probabilità).

In questa macchina, Pascal integrò la matematica di calcolo e la tecnologia dell'orologio. Il principio non era molto diverso da quello della macchina di Anticitera e come l'abbaco, si basava su un valore di posizione.

Strutturalmente c'erano una serie di ingranaggi dentati con i numeri da 0 a 9; il primo ingranaggio indicava le unità e quando faceva un giro completo faceva spostare il secondo che rappresentava le decine... e così via, fino a rappresentare le centinaia di migliaia. Il limite di questa macchina era rappresentato dal fatto che eseguiva solo addizioni e sottrazioni. Ad infrangere questo limite ci pensò un tedesco dal nome estremamente altisonante: ***Gottfried Wilhelm von Leibniz***, che, nel 1671, costruì una macchina in grado di fare anche moltiplicazioni e divisioni.

Anche la sua macchina, però, presentava una serie di problemi: la "***Calcolatrice a scatti***" (questo fu il nome dato al progetto) non poteva trasferire un riporto con molte cifre. Leibniz aveva parzialmente risolto il problema avvertendo l'operatore, al termine di ogni giro di manovella, della necessità di effettuare un avanzamento alla cifra successiva tramite un segnale acustico.

Nel novero dei protagonisti della corsa alle macchine da calcolo dopo Galileo troviamo un altro italiano. L'ingegnere matematico e marchese ***Giovanni Poleni*** (1685-1761), docente in varie cattedre scientifiche all'Università di Padova, che realizzò il prototipo di una macchina calcolatrice in grado di eseguire le quattro operazioni su numeri con un massimo di tre cifre.

Tale macchina fu descritta dallo stesso Poleni in un libro dal titolo "***Miscellanea***", pubblicato verso la fine del 1709 presso l'editore veneziano Aloisio Pavino.

Nel volume, insieme ad altri argomenti, Poleni trattò anche della prima calcolatrice meccanica inventata e realizzata in Italia. Egli scrisse:

"Avendo più volte inteso, sia dalla viva voce, sia dagli scritti degli uomini eruditi che sono state realizzate dalla perspicacia e dalla cura dell'illustrissimo Pascal e di Leibniz due macchine aritmetiche che servono per la moltiplicazione, delle quali non

conosco la descrizione del meccanismo e non so se essa sia stata resa manifesta, ho desiderato: e di indovinare col pensiero e la riflessione la loro costruzione, e di costruirne una nuova che attuasse lo stesso scopo".

Non siamo a conoscenza di quando la macchina fu ideata e, in verità, non abbiamo nemmeno l'esatta certezza che egli abbia costruito personalmente la macchina, o come succedeva spesso nel settecento, ne abbia affidato la lavorazione ad un esperto artigiano. Purtroppo l'originale venne distrutto dallo stesso autore, in uno scatto d'ira (Questi italiani che si inalberano subito!), quando seppe che **Anton Braun** (1786-1728), celebre meccanico di corte dell'Imperatore Carlo VI di Vienna, ne aveva donata una simile all'Imperatore.

Bene, ora passo di palo in frasca e vi voglio parlare di un telaio.

"Ma come, proprio un telaio, uno di quelli per produrre i tessuti?"

Sì, proprio quello...

"Ma che c'entra con i computer?"

Ecco i soliti impazienti, mettetevi comodi che adesso vi racconto anche questa storia e quando avrò finito, vedrete che a chi ha più anni sulle spalle si accenderà la lampadina della memoria.
Allora, procediamo con ordine e cominciamo col dire che, a quei tempi (siamo intorno alla fine del 1700), il settore tessile andava alla grande! Il contesto storico è quello dell'inizio della prima rivoluzione industriale e l'attenzione per lo sviluppo della produttività delle fabbriche era assai alta.
Inizialmente le innovazioni riguardarono la tessitura e la filatura. Nel 1733 **John Kay** introdusse un telaio detto a "*spoletta volante*", dotato di un congegno in grado di lanciare le navette che incrociavano il filo dell'ordito. Nel 1764 venne costruita la "*Giannetta*" che funzionava a vapore, e nel 1778 vennero inventati il telaio idraulico e la "Mula", in grado di stirare e torcere simultaneamente lo stoppino producendo filati di qualità più elevata.

Fu in quel contesto che, nel 1802, l'imprenditore francese **Joseph-Marie Jacquard**, pensò di introdurre, nei telai di legno della sua azienda tessile di Lione, delle lunghe schede di cartone forato: ad ogni scheda corrispondeva un preciso disegno, formato da forellini.
Fu il primo a rendere "*automatico*" il funzionamento di una macchina, così che portasse avanti da sola un compito ripetitivo.

Il dispositivo di lettura delle schede era costituito da file di aghi che potevano passare solo dove c'erano i fori: i fili venivano così alzati automaticamente permettendo il passaggio della trama e il lavoro procedeva molto più in fretta, aumentando la produzione.

Figura 12 Il Telaio di Jacquard (1802) - foto wikipedia

La sua invenzione non fu inizialmente ben accolta dai tessitori che ebbero paura di perdere posti di lavoro e in Francia, si scatenò la rivolta dei Canuts (i tessitori di seta di Lione). **I telai di Jacquard** rischiavano di gettare in miseria due terzi della popolazione di Lione. Il Consiglio della città gli ordinò di distruggerla, ma nel 1812 i telai a scheda perforata, in uso sul territorio francese erano diventati undicimila e nel 1822 si diffusero anche in Inghilterra, Germania, Italia, America e persino in Cina.
Oggi, grazie alle moderne tecnologie, le possibilità di quel telaio, sia nelle dimensioni che nella velocità di lavoro, si sono ampliate enormemente e si arriva a controllare più di 10.000 fili d'ordito: numeri che danno illimitate possibilità nella costruzione del disegno. L'incremento della velocità è dato sia dall'automazione dei movimenti meccanici sia dal controllo computerizzato degli schemi del disegno.

Fu proprio l'idea delle schede perforate che permise lo sviluppo dei computer così come ora li conosciamo.

BABBAGE E "LA MACCHINA ANALITICA"

Si può passare tutta una vita a progettare una macchina? Diciamo che se Price, come abbiamo visto precedentemente, dedicò trent'anni allo studio del meccanismo di Anticitera, un altro bell'esempio di dedizione lo troviamo in **Charles Babbage** (1792-1871), professore di matematica all'università di Cambridge, il quale trascorse tutta la vita studiando la realizzazione di due macchine calcolatrici, una che chiamò "macchina differenziale", ed una seconda, a cui diede il nome di "macchina analitica".
Babbage nacque a Londra ed era figlio di un noto banchiere, Benjamin Babbage. Fin dagli studi giovanili dimostrò una propensione all'algebra e agli studi matematici, tanto da divenire rapidamente più preparato dei suoi stessi insegnati al Trinity College di Cambridge, dove entrò nel 1811.
Fu co-fondatore dell'*Analytical Society* per la promozione della matematica insieme a *John F. Herschel* e *George Peacock*, e dal 1816 entrò a far parte della Royal Society (la più antica associazione accademica esistente), ricoprendo un ruolo attivo nell'istituzione della futura Royal Astronomical Society.
Fu in questo periodo che iniziò ad appassionarsi al calcolo analitico. Nel 1821 inventò la macchina differenziale, per compilare tavole matematiche, basata sul concetto che, tanto i logaritmi quanto le funzioni trigonometriche, possono essere approssimate con i polinomi grazie alle serie di Taylor.
Con l'invenzione di questo prototipo egli aprì di fatto la possibilità di accedere a una vasta gamma di calcoli matematici.
Nel 1832 però, egli concepì l'idea che lo rese il precursore dei moderni computer: una macchina che fosse in grado di compiere qualsiasi calcolo, ovvero la macchina analitica.
Il progetto si ispirò al progetto del telaio di Jacquard ed utilizzò le schede perforate.
La sua macchina, dotata di cinquemila ruote dentate, duecento

accumulatori di dati (le "*memorie*") composti di venticinque ruote collegate tra loro, era in grado di svolgere un'addizione al secondo.
I dati d'ingresso ed il programma sarebbero stati inseriti tramite schede perforate, mentre i dati di uscita sarebbero stati prodotti da uno stampatore e da un arco in grado di tracciare curve. Inoltre sarebbe

stata in grado di perforare delle schede per memorizzare dei dati da utilizzare successivamente.

Utilizzava un'aritmetica a base 10 a virgola fissa.

Era composta da due parti funzionali: lo "***store***" (memoria) che immagazzinava variabili e costanti e nella quale erano conservati anche tutti i risultati intermedi dei calcoli; era in grado di contenere mille numeri di cinquanta cifre ed il "mill" (unità di calcolo), che conteneva il programma vero e proprio e che costituiva l'idea di base dell'unità aritmetica e logica presente nelle moderne CPU; sarebbe stata in grado di svolgere le quattro operazioni aritmetiche.

Figura 13 Charles Babbage, La macchina Analitica - conservata al Computer hystory museum di Londra -foto : https://www.britannica.com

Secondo il progetto originale, la macchina analitica doveva essere alimentata da un motore a vapore e doveva essere lunga più di trenta metri per dieci metri di profondità. Il linguaggio di prog- rammazione utilizzato dalla macchina era molto simile all'Assembly.

Babbage non riuscì mai a completare la macchina in quanto gli vennero negati i finanziamenti governativi. Nel 1910 il figlio di Babbage realizzò una versione più piccola e non programmabile della macchina (una piccola parte del progetto originale).

Nel 1991, un'équipe di studiosi del Museo della scienza di Londra, lavorando a partire dai progetti originali, costruì un modello completo e funzionante, a dimostrazione della validità del progetto originale.

Il lavoro di Babbage divenne fonte di ispirazione per ***George Stibitz*** dei Bell Laboratories di New York, prima della Seconda guerra mondiale, e di ***Howard Aiken di Harvard***, durante e dopo la Seconda guerra mondiale. Entrambi costruirono dei calcolatori elettromeccanici con un disegno simile al progetto di Babbage.

Nel 1840, Babbage venne a Torino su invito di ***Giovanni Plana*** per la prima riunione degli scienziati italiani: qui incontrò numerosi matematici e fisici, ai quali presentò il progetto della macchina analitica. Fu questa l'unica presentazione pubblica della macchina analitica fatta da Babbage in persona.

L'Italia, e in particolare Torino, offrì a questo grande matematico un'opportunità che la sua patria non gli offrì mai.

Babbage decise di dedicare la sua autobiografia (Passages from the Life of a Philosopher, 1864) al re d'Italia, Vittorio Emanuele II.

Una frase tratta dall'autobiografia di questo pioniere dell'informatica, restituisce un'idea molto chiare della sua personalità:

"Quando la macchina analitica verrà realizzata, necessariamente guiderà lo sviluppo futuro della scienza".

DALLE SCHEDE PERFORATE AL SOFTWARE

Inizio questa porzione di storia parlandovi di una donna: Ada Lovelace. Nata il 10 dicembre 1815 in Inghilterra, era l'unica figlia del poeta lord Byron e della matematica Annabella Milbanke. Dopo la separazione dei genitori, visse con la madre fin dall'età di un anno.

Figura 14 Ada Lovelace (1815- 1852) "l'incantatrice dei numeri"

Ada non godeva di ottima salute; a otto anni, iniziò a soffrire di cefalea, che le procurò problemi alla vista. Nel giugno del 1829 prese il morbillo, che le paralizzò le gambe e la costrinse a rimanere a letto per un anno. Solo nel 1831 fu di nuovo in grado di camminare con l'aiuto delle stampelle.

La madre, terrorizzata dal fatto che ella potesse seguire le orme del padre e dedicarsi alla poesia, la introdusse, fin dall'età di diciassette anni, allo studio della matematica e delle scienze. Una delle sue insegnanti fu **Mary Somerville** che aveva scritto diversi testi per l'università di Cambridge. Ella incoraggiò Ada a proseguire negli studi matematici e tentò inoltre di farle apprendere i principi fondamentali della matematica e della tecnologia, ponendoli in una dimensione più vicina alla sfera filosofica e poetica.

In breve, grazie agli stimoli della brava insegnante, le particolari doti di Ada cominciarono ad emergere, tanto che il matematico e logico **Augustus De Morgan**, professore all'Università di Londra e che diventò poi suo tutore, la invitò a seguire studi di livello più avanzato di algebra, di logica e di calcolo, cosa decisamente inconsueta per una donna del suo tempo. Il suo tutore, in una lettera alla madre, scrisse che sarebbe diventata *"un eccellente ed originale matematico"*.

Nel 1833 Ada partecipò ad un ricevimento tenuto dalla Somerville e in quest'occasione ebbe modo di incontrare l'allora quarantaduenne Charles Babbage. Nacque da quell'incontro una lunga storia di stima reciproca che spesso determinò delle collaborazioni. Ada rimase affascinata dall'universalità delle idee di Babbage e cominciò ad interessarsi al suo lavoro studiando i metodi di calcolo realizzabili con la macchina differenziale e con la macchina analitica.
Babbage a sua volta fu molto colpito dall'intelletto di Ada e delle sue abilità, tanto che la definì *"l'incantatrice dei numeri"*. Nel 1842 Ada tradusse in inglese diversi articoli dell'italiano Luigi Federico Menabrea (futuro primo ministro italiano), con il quale condivideva l'interesse per la macchina di Babbage.
In un suo articolo del 1843, descrisse tale macchina come uno strumento programmabile e con incredibile lungimiranza, *prefigurò il concetto di intelligenza artificiale*, spingendosi ad affermare che la macchina analitica sarebbe stata cruciale per il futuro della scienza.

Nel 1842 Charles Babbage fu invitato da **Menabrea** per un seminario all'Università di Torino sulla macchina analitica e ad Ada venne chiesto di tradurre gli articoli di Menabrea e di integrarli con delle note. In circa nove mesi, a titolo di esempio, ella **spiegò il modo in cui la macchina avrebbe potuto effettuare un determinato calcolo, scrivendo quello che cent'anni dopo, venne unanimamente riconosciuto come il primo software della storia.**
Il suo programma, volto a calcolare i *"numeri di Bernoulli"* utilizzati per stilare tabelle numeriche, era di gran lunga più complesso di qualunque altro tentativo di Babbage e giustifica pienamente la fama di Ada come prima programmatrice della storia.
Alcune delle funzioni da lei ideate sono tuttora utilizzate nella tecnica della programmazione. Nel 1980 il Dipartimento della Difesa statunitense diede, in suo onore, il nome *"Ada"* a un nuovo linguaggio di programmazione di alto livello con cui vennero unificati tutti i linguaggi di programmazione, per farli girare sui propri sistemi.

LA MACCHINA DA SCRIVERE

Vi starete chiedendo perché, a questo punto, mi sia venuto in mente di parlarvi della macchina da scrivere.
Ma come avrete notato leggendo queste pagine, occorre sempre avere un po' di pazienza per capire come gli argomenti si intreccino secondo una logica tutta loro, ma, sia ben chiaro! La logica contorta non è la mia... è quella definita dalla storia, mio compito è solo (si fa per dire...) quello di snodarvela dinanzi agli occhi, perché il suo percorso sia chiaro.
Pensando ai computer moderni, ma anche a tutta la fascia delle nuove piattaforme tecnologiche, c'è un aspetto che non possiamo non prendere in esame e cioè il fatto che tutte quelle operazioni che non possono essere svolte dal mouse, ci "*obbligano*" all'utilizzo di una tastiera, che questa sia fisica o virtuale poco importa, siamo legati ad essa per immettere delle informazioni scritte nel nostro dispositivo.

Già, ma come è nata la tastiera? Che storia c'è dietro le nostre moderne tastiere "touch"?

Ora, facciamo un altro saltino nella storia per arrivare in Italia intorno al 1855, immaginate di visitare la città di Torino e di passare davanti all'ufficio brevetti che, se non vado errato, è ancora lì, nella sua immobile bolla spazio-temporale, in una zona poco distante da dove oggi è situato il famoso Museo Egizio, ipotizziamo di trovarci a passare lì dinnanzi proprio il 1° Settembre del 1865.
Se azzeccassimo anche l'ora esatta, potremmo imbatterci in un gongolante avvocato novarese di nome ***Giuseppe Ravizza***, che ha appena registrato nel suddetto ufficio, una sua invenzione dal nome bizzarro, il ***"Cembalo Scrivano"***. Uno strumento rivoluzionario di scrittura, che presentava una piccola tastiera simile a quella dei cembali, sulla quale erano dipinte le lettere dell'alfabeto ed i segni di interpunzione.

Era la prima macchina da scrivere.

L'avvocato con la mente da scienziato, il cuore da imprenditore e le mani da artigiano, produsse ben diciassette modelli del cembalo e ad ogni modello migliorava i precedenti.
Nonostante il successo iniziale le cose per lui non andarono molto

bene, infatti non riuscì mai a trovare uno sponsor che lo sostenesse nella produzione industriale del suo modello.

Figura 15 : Giuseppe Ravizza (1811-1885) brevetta il Cembalo scrivano nel 1855

Morì a Livorno il 30 ottobre 1885, in assoluta povertà; in quel periodo in Italia si diffuse la **Remington**, che fece nascere l'errata convinzione della paternità americana della macchina da scrivere.
Il suo utilizzo fu molto importante, soprattutto per quanto riguardava la scrittura commerciale e legale, tanto che produsse la nascita di una nuova professione, inizialmente riservata alle donne: la dattilografia.

Da subito fu determinante capire quale fosse la posizione migliore dei tasti (ne nacquero diversi standard: QWERTY, QWERTZ, QZERTY, AZERTY, C'HWERTY), per dattilografare a memoria, ossia senza doversi sforzare spesso per distinguere i tasti e in secondo luogo, per facilitare l'alternarsi ergonomico di mano destra e mano sinistra. Il successo maggiore lo ha riscontrato senza dubbio la combinazione QWERTY, brevettata nel 1864 da Christopher Sholes e venduta alla Remington and Sons, nel 1873. Oggi è lo standard più diffuso sulla maggior parte dei dispositivi.

A seconda poi delle varie nazionalità e dei caratteri tipici di ogni linguaggio, lo standard QWERTY, subisce delle modifiche, proprio per meglio adeguarsi alla scrittura corrente.
In Germania, ad esempio, vengono scambiate tra loro le lettere Z e Y, poiché in tedesco la Z è molto più comune della Y; di conseguenza, le tastiere tedesche vengono chiamate tastiere QWERTZ.

Nei primi modelli meccanici ed elettro-meccanici era presente una

tastiera i cui tasti di scrittura, se premuti, azionavano il corrispondente martelletto, in grado di trasferire l'inchiostro da un nastro alla superficie della carta. Era inoltre comune l'utilizzo della carta carbone che consentiva di ottenere più copie conformi all'originale con una sola operazione di battitura.
La prima macchina da scrivere elettrica venne prodotta nel 1901.
E' curioso ricordare tutta una serie di accessori che erano di corredo all'utilizzo della macchina da scrivere, come la *"gomma"* (a forma di sottile dischetto, per rimuovere con precisione l'errore), il *"bianchetto"* (per coprire gli errori, e dopo una rapida asciugatura, potervi ribattere il carattere opportuno).
Successivamente nacquero le macchine elettroniche con elemento unico di scrittura (inizialmente a sfera, detta anche pallina o testina, ed in seguito a margherita), tasti con modalità sbianca-errori e display.
Ciò permetteva di variare il carattere, sostituendo la sfera o la margherita, di applicare uniformemente la pressione e l'intensità dell'inchiostro e di correggere gli eventuali errori di battitura dopo o prima della stampa.

La Remington Rand, la società statunitense, continuò il suo sviluppo dedicandosi anch'essa allo sviluppo di computer e nel 1952, produsse il Remington Rand 409, che venne commercializzato col nome di **UNIVAC** (Universal Automatic Computer).

IL FUTURISMO, IL CINEMA E IL COMPUTER

Ecco, lo sapevo, i soliti impazienti. Vi ho già detto che per raccontare queste vicende ci vuole un po' di tempo... quindi armatevi di pazienza e riprendete la lettura...

Questa storia ha inizio nella Germania nazista della Seconda Guerra Mondiale, più esattamente nel periodo tra il 1919 ed il 1933, durante la cosiddetta "***Repubblica di Weimar***", cioè il primo tentativo di stabilire una democrazia liberale in Germania.

Fu un periodo di grande tensione e conflitto interno, unito ad una grave crisi economica, che si concluse con l'ascesa al potere di Adolf Hitler e del Partito Nazionalsocialista.

La vita in questo periodo non era affatto facile e, per potersi mantenere gli studi, **Konrad Zuse** cominciò a vendere i suoi quadri.

Sotto lo pseudonimo di **Kuno See**, firmò numerose tele di impronta futurista.

Figura 16 Konrad Zuse (Berlino, 22 giugno 1910 – Hünfeld, 18 dicembre 1995

Appena laureato trovò lavoro nel campo dell'aeronautica, presso la Henschel Airplane Factory.

Avrebbe voluto affermarsi come progettista, approfittando del grande sviluppo dell'aviazione militare tedesca legato all'ascesa del nazismo,

ma quella collaborazione non durò a lungo.
Passare giornate a fare calcoli su calcoli, col rischio di sbagliare, e con gli occhi che dopo un po' si incrociavano, non faceva per lui.

"Sono troppo pigro per masticare numeri" diceva..., e fu proprio questa ribellione a dare il via alla sua esperienza di inventore e programmatore di computer.
Iniziò ad interessarsi all'informatica per poter eseguire in fretta e senza fatica i molti e complessi calcoli necessari per la progettazione dei velivoli.
Qui si trovò di fronte ad un primo problema: per poter generare le schede perforate occorreva la carta, ma a quel tempo la carta era costosa e introvabile.
Così l'ingegnere ebbe una trovata geniale: al posto della carta cominciò ad utilizzare le pellicole di cellulosa dei film, per immagazzinare i dati.
I primi finanziatori del suo progetto furono i genitori e qualche amico che si fece convincere.
Dal 1936 al 1938 lavorò alla sua prima macchina, la "*Z1*", un calcolatore meccanico, di 4 metri quadrati e di una tonnellata di peso.

Figura 17 Konrad Zuse davanti alla ricostruzione dello Z3

Pur essendo costruito con materiali di scarto, era in grado di utilizzare il sistema binario e i comandi venivano trasmessi tramite le pellicole perforate.
Z1 non fu mai in grado di funzionare realmente e quindi di rispondere

allo scopo per cui era stato creato, ma questo non fermò Zuse, il quale si mise subito all'opera per costruire una seconda macchina.

La seconda volta andò decisamente meglio: con il suo "*Z2*", infatti, l'ingegnere costruì una macchina elettromeccanica in grado di eseguire correttamente i calcoli.
La serie "*zeta*" non fu mai veramente rivoluzionaria fino all'arrivo di "*Z3*", il primo computer automatico e programmabile.
Era molto più veloce dei precedenti ed era in grado di eseguire calcoli più complessi.
Venne presentato ufficialmente a *Berlino* il *12 maggio del 1941*. La sua invenzione però passò praticamente inosservata, c'era da fare una guerra e un computer, a quei tempi, non sembrava essere così d'aiuto. Fu proprio la guerra a mettere fine al grande sogno, quando i bombardamenti del 1944 su Berlino distrussero l'edificio dove la macchina era ospitata, prima ancora che il mondo conoscesse quello che un ingegnere con la passione per la pittura stava combinando nella Germania nazista.
Lo Z3 venne ripresentato solo molto più tardi, negli anni Sessanta, quando il suo creatore decise di ricostruirlo per rivendicare la paternità del primo computer programmabile della storia.
Composto da 2.200 relè funzionanti a una frequenza compresa tra i 5 e i 10 hertz, il sistema utilizzava parole lunghe 22 bit.
Le operazioni venivano eseguite da un'unità aritmetica in virgola mobile.

La copia, perfettamente funzionante, è in esposizione permanente al ***Deutsches Museum***.

UNA LUNGA STORIA CHIAMATA "IBM"

Esiste qualcosa di più noioso e problematico di un censimento? Beh, in realtà probabilmente sì, ma anche il censimento dà i suoi bei grattacapi...
Lo sapeva bene il governo americano del 1880, che sette anni dopo lo spoglio delle schede non era ancora riuscito ad elaborarne i dati.
Considerato il fatto che era già arrivato il momento di preparare quello del 1890, ci si rese conto di essere di fronte ad un problema.
In tutta fretta, l'ufficio censimenti bandì un concorso per la progettazione di una macchina in grado di classificare e contare automaticamente i dati.
La gara fu vinta dall'ingegnere statistico **Herman Hollerith**, che aveva elaborato una "*tabulatrice*" riutilizzando l'idea delle schede perforate di Babbage, questa volta però non per specificare il programma, ma i dati da elaborare o i risultati dell'elaborazione.
Ogni scheda rappresentava le risposte date da un certo individuo.
Sulla scheda, il termine "*maschio*" poteva essere rappresentato da una perforazione e "*femmina*" dalla mancanza del foro. Domande più complesse richiedevano gruppi di perforazioni o assenza di essi.
Le schede perforate venivano inserite nella macchina, dove un circuito elettrico veniva acceso o spento a seconda dalla presenza o assenza dei buchi. Il linguaggio delle parole umane veniva tradotto in perforazioni ("*foro sì*", o "*foro no*"), che la macchina leggeva elettricamente ("*acceso*" o "*spento*").

Era la prima volta che, nel calcolo, si faceva uso dell'elettricità, gli albori del sistema binario.

La macchina poteva esaminare fino a 800 schede al minuto, una velocità favolosa per quei tempi. La verifica del censimento del 1890 fu ultimata in due anni, tenendo conto che la popolazione era passata da 50 a 63 milioni.

Il principio di Hollerith fu usato anche per il calcolo di tiro delle

navi da guerra fino alla II guerra mondiale.
Herman nacque il 29 febbraio 1860 a Buffalo da George e Franciska Hollerith, immigrati tedeschi. Dopo aver frequentato il City College di New York, continuò gli studi, iscrivendosi al corso di laurea di ingegneria mineraria presso la Columbia University.

Dopo la laurea restò all'università come assistente del professor Trowbridge, che lo portò con sé al censimento americano del 1880, per il quale si cercavano persone con una certa "esperienza statistica". In quel contesto Herman conobbe il dott. **John Shaw Billings**, un'importante figura nel mondo della sanità americana, che per primo gli suggerì l'idea che il conteggio dei dati dovesse essere necessariamente automatizzato.

Negli anni successivi lavorò come docente di ingegneria meccanica presso il **Massachusetts Institute of Technology** (Il famoso M.I.T. di cui spesso sentiamo parlare nei film americani) ed in seguito si trasferì a St. Louis, dove prestò la sua opera come ingegnere, sui sistemi di frenatura ferroviaria.

Fu proprio durante un viaggio sul treno verso Washington D.C., guardando il controllore mentre obliterava i biglietti dei passeggeri, che ebbe un'intuizione: per risolvere il problema del censimento si dovevano usare le schede perforate.

Dedicò al progetto il suo tempo libero e cominciò a costruire una macchina tabulatrice, lavorando perché fosse pronta in tempo per il censimento successivo.

Il suo progetto dovette competere con altre macchine, ma alla fine risultò che il suo sistema era due volte più veloce di quelli dei concorrenti.

L'obiettivo di velocizzare lo spoglio delle schede del censimento del 1890 venne raggiunto: infatti venne completato in circa due anni, contro i quasi dieci del precedente.

Nello stesso anno, usando la sua invenzione come tesi, Herman vinse un dottorato di ricerca alla Columbia University. Sull'onda del successo ottenuto dalla sua tabulatrice, Hollerith fondò una società, la **"Computing Tabulating Machine Company"** (abbreviata in **CTRC**).

Figura 18 Logo della CTRC (1890)

Nel 1917 la CTRC aprì una filiale in Canada col nome di *"International Business Machine Company"* (abbreviata in **IBM**). Il nome della filiale "funzionava", rispecchiava bene il visionario progetto dell'azienda così, nel 1924, l'allora presidente ***Thomas Watson*** senior, decise di dare questa ragione sociale a tutte le società del gruppo, nacque ufficialmente il marchio IBM.

Figura 19 Il primo logo di IBM (1924) dell'azienda

Mr. Watson nacque a Campbell (New York) il 17 febbraio 1874. All'età di diciotto anni lavorò come contabile nel mercato di Clarence Risley con un guadagno di sei dollari a settimana. In seguito, cominciò un'attività di vendita di macchine per cucire e strumenti musicali, per poi entrare nel National Cash Register Company (Azienda che costruisce e vende registratori di cassa) nella città di Buffalo, dove venne assunto come venditore. In breve tempo divenne direttore generale delle vendite ed era fortemente intenzionato a risollevare la scoraggiata forza vendita della NCR. In questa occasione cominciò ad utilizzare il motto ***"THINK"*** (Pensa), che divenne poi pietra miliare nella comunicazione di IBM. Disse ai venditori che il ***"non pensare"*** era costato al mondo milioni di dollari e che quindi era necessario *"pensare"* per poter essere efficaci. Durante la notte, in ogni ufficio della NCR, spuntarono cartelli con la parola *"Think"*.

Figura 20 Lo slogan "IBM Think", da sempre al centro della comunicazione

Una curiosità legata a quel motto è lo slogan ***"Think Different"*** creato per **Apple Computer** nel 1997 dall'agenzia pubblicitaria **TBWA**, che venne utilizzato per spot televisivi e poster fino al 2002. Nato sul gioco di parole e creato appositamente per contrapporsi al motto "*IBM Think*".
Lo slogan ha letteralmente caratterizzato un'era e lanciato un nuovo modo di comunicare.
Durante i primi giorni della sua leadership in IBM, Watson puntò su istruzione, ricerca ed ingegneria, per assicurare la crescita della società.

Fu anche uno dei primi leader del settore ad offrire benefici ai dipendenti, come ad esempio il pagamento delle spese mediche e delle assicurazioni ed agevolò l'introduzione di un piano pensionistico. Puntò anche su forti incentivi alle vendite e su una pronta ed efficace assistenza ai clienti. In numerose occasioni disse ai dipendenti che il buon lavoro che essi avevano già svolto in azienda aveva loro consentito di guadagnare tali benefici. Dimostrò un grande interesse per le relazioni internazionali, intrattenendo spesso presidenti, primi ministri, re ed ambasciatori, quando essi erano in visita a New York City. Tale sua caratteristica fece osservare al presidente ***Franklin Roosevelt***:

> ***"Io mi prendo cura di loro a Washington ed ho imparato a contare con fiducia su Tom Watson per prendersi cura di loro a New York".***

Negli anni successivi Watson adottò, per IBM, lo slogan "***La pace nel mondo attraverso il commercio mondiale***" e sostenne in più occasioni lo scambio, non solo di beni e servizi, ma anche di uomini e metodi e di idee e ideali. Ha lavorato a stretto contatto con la Camera di Commercio Internazionale, della quale, nel 1937, venne eletto presidente. Prima del suo ingresso, la società contava mille e cinquecento dipendenti ed un fatturato di poco superiore ai quattro milioni di dollari. Dopo una decina di anni sotto la sua guida, la società si era trasformata in una multinazionale con stabilimenti produttivi e sedi in America del Sud e in Europa, con un numero di dipendenti di circa quattromila persone ed un fatturato stimabile intorno ai tredici milioni di dollari. Data la grande potenza economica ed istituzionale, IBM giocò un ruolo primario nel corso degli anni della "Grande Depressione" e divenne una delle principali aziende fornitrici del governo statunitense, ma allo stesso tempo continuò la politica di espansione aprendo nuove linee produttive, aumentando l'organico e accaparrandosi tecnici e ingegneri di grande valore.

L'apice venne raggiunto nel 1935, quando il congresso americano decretò il ***"Social Security Act"***, una legge che permise a ventisei milioni di cittadini statunitensi l'accesso ai servizi di welfare. IBM ebbe il compito di organizzare e "***tracciare***" tale servizio. Quell'operazione fu da molti definita la più grande operazione contabile di tutti i tempi. Nel 1935 la società contava quasi novemila dipendenti e un fatturato superiore ai venti milioni di dollari, con sedi in quasi tutte le nazioni europee. Durante la Seconda Guerra mondiale, la controllata tedesca ebbe forti legami con il governo nazista, ma anche le sussidiarie sul territorio tedesco finirono sotto il controllo diretto dei gerarchi di Hitler. Nel 1941, dopo l'attacco di Pearl Harbor, quelle società vennero ufficialmente dismesse.
Da quel momento, IBM divenne uno strumento operativo quasi completamente nelle mani del governo statunitense. I calcolatori a schede perforate prodotti da IBM vennero utilizzati massicciamente dagli scienziati coinvolti nel progetto ***"Manhattan"***, che portò allo sviluppo delle due bombe atomiche lanciate sul Giappone.
Durante la guerra, nel 1943, IBM sviluppò il suo primo computer elettromeccanico, l' ***"Harvard Mark-1"***, che trovò largo impiego nelle operazioni della marina USA. L'importanza storica dell'Harvard Mark-1 fu notevole, in quanto alcune caratteristiche della sua architettura hardware sono diventate un modello chiamato "Architettura Harvard", implementato poi con successo su molti computer moderni.

Durante la guerra, il fatturato salì ancora fino a raggiungere la cifra di centotrentotto milioni di dollari e l'azienda contava quasi diciannovemila dipendenti.
Questa crescita smisurata determinò per IBM una situazione difficile nel dopoguerra.
Non essendoci più le commesse belliche, infatti, diventava davvero difficile sostenere una struttura così grande. Nel 1937 in azienda era entrato **Thomas Watson junior**, il primogenito del presidente, che nel 1952, dopo la morte del padre, prese il suo posto, rimanendo in carica fino al 1971. Watson jr. fece una profonda ristrutturazione dell'azienda, sostituendo alla vecchia dirigenza una struttura nuova, più snella e moderna, con la quale fu in grado di controllare più agevolmente una società in forte espansione. IBM rimase uno degli attori principali nel nascente settore dell'informatica, partner privilegiato del governo statunitense, per il quale contribuì a creare una rete di difesa aerea computerizzata.

Nel 1946 sviluppò la macchina *moltiplicatrice 603*, si trattava del primo calcolatore elettronico commerciale a valvole prodotto in serie. ***Era in grado di eseguire le moltiplicazioni mille volte più velocemente delle precedenti macchine elettromeccaniche.***

Ma proprio mentre l'azienda festeggiava il successo commerciale del suo calcolatore, subì una vera e propria doccia fredda.

La presentazione dell'**ENIAC**, che suscitò molto scalpore anche per i grandi effetti luminosi degni di Hollywood, generò un incredibile effetto sull'opinione pubblica, tanto da influenzare anche gran parte della cinematografia di fantascienza, dando origine alla definizione di "*cervello elettronico*".
Provate ad immaginarvi cosa significò a quel tempo per la più grande e "*superimmanicata*" azienda del mondo dell'informatica, con tutta la sua influenza e tutto il suo potere istituzionale, trovarsi di fronte ad un tale evento senza essere stata coinvolta nel progetto e per giunta senza averne nemmeno previsto il grande riscontro.
In IBM decisamente non la presero bene. Improvvisamente la moltiplicatrice 603, che fino ad un istante prima era considerata un capolavoro, non fu più in grado di soddisfare le aspettative della

dirigenza.
Venne costituito un gruppo di persone con l'incarico di scrivere le specifiche per una macchina gigantesca, il **SSEC**.

L'unità aritmetica fu disegnata in base alle valvole standard 25L6 (quelle usate nelle radio). Nel laboratorio IBM di Endicott, il progetto andò avanti giorno e notte, sette giorni alla settimana.
Congiuntamente all'elettronica, fu progettato un gruppo di unità periferiche, che comprendeva: lettori di schede ad alta velocità, perforatori di nastro, perforatori di schede, console, unità di memoria ed un pannello di comando da fare invidia a quello dell'ENIAC.
Per i suoi tempi (siamo nel gennaio del 1948), il SSEC era estremamente affidabile, eseguiva mediamente un errore ogni otto ore di funzionamento. Fu utilizzato dall'U.S. Atomic Energy Commission per calcolare la posizione dei pianeti e per produrre le tabelle della posizione della luna che furono poi utilizzate durante il progetto Apollo negli anni Sessanta.

Figura 21 L'IBM SEEC, Questa foto venne successivamente ritoccata eliminando la colonna che non metteva in risalto la consolle del calcolatore

Nel 1954 IBM prese le redini di un altro grande progetto, il "**SAGE**", (*l'acronimo di Semi Automatic Ground Environment*), un sistema automatico di rilevamento, inseguimento e intercettazione di aerei nemici, che fu installato e utilizzato dal "**Norad**" (il Comando di Difesa Aerospaziale del Nord-America). Tra gli anni Cinquanta e gli anni Ottanta vennero sviluppati cinquantasei computer per il sistema di difesa e venduti all'astronomico costo di trecento milioni di dollari ciascuno.

Al culmine del suo sviluppo quel progetto impiegava circa settemila dipendenti.

Forte di quell'esperienza militare IBM iniziò a collaborare con alcuni dei laboratori di ricerca più avanzati nel campo dell'informatica. L'azienda ebbe così la possibilità di entrare in possesso dei progetti del MIT sul primo computer digitale della storia e di lavorare allo sviluppo di componenti fondamentali come nastri di memoria magnetici, sistemi operativi sempre più avanzati, periferiche video, linguaggi di program- mazione algebrici e trasmissione di dati su linee telefoniche digitali.
Nel 1953, nacque l'***IBM/701***: un calcolatore magnetico nato su commissione del Pentagono, che venne impiegato nella guerra in Corea. Di quella macchina verranno prodotti una ventina di esemplari per i militari ed i centri di ricerca.
Nel 1954 la Texas Instruments iniziò a produrre in serie i transistor.
Nello stesso periodo venne prodotto l'***IBM/650***, un computer meno grande dei precedenti, tanto da meritarsi l'appellativo di "minicomputer", corredato inoltre da una serie di programmi che lo rendevano adatto per molteplici usi.
La console dell'IBM 650 divenne famosa per le sue lampadine colorate, che rappresentavano un metodo innovativo, per leggere i valori ed inoltre offrivano al pubblico la sensazione che qualcosa "si muoveva" nel cuore del cervellone.
Un altro vantaggio, che contribuì alla diffusione di questo calcolatore, fu quello di utilizzare schede perforate a ottanta colonne, che erano compatibili con tutte le altre macchine IBM, tra cui le famose tabulatrici, indispensabili per stampare su carta i risultati dell'elaborazione.
Nel 1956 nacque il ***TX-0***, il primo computer completamente a transistor. Non aveva ancora un monitor, l'output era fatto ancora solo di luci e audio. Però la memoria era di ben 4.096 parole (per quella macchina una parola era formata da 18 bit).
Sempre nel 1956 venne creato il primo hard disk, mentre nel 1967 venne introdotto il primo floppy disk (che era da 8 pollici) dove veniva regis- trato il programma iniziale di controllo dei computer, l'Initial Control Program Load (abbreviato in Ipl)

Solo due anni più tardi questo strano oggetto venne utilizzato proprio sui sistemi **IBM System/370**.

Figura 22 Un'immagine del TX-0, il primo computer interamente a Transistor

Era il 1957 quando un capo progetto di IBM, John Backus, scrisse il primo linguaggio di programmazione, il "Fortran". Il nome Fortran deriva da "***Formula Translator***" (che in italiano suonerebbe "Traduttore di formule"), il linguaggio venne progettato con lo scopo di facilitare la traduzione in codice di formule matematiche. ***John Warner Backus*** nacque a Filadelfia, nel dicembre 1924 e Vinse il Premio Turing nel 1977 con la seguente motivazione:

"Per i suoi profondi, autorevoli e durevoli contributi al progetto di pratici sistemi di programmazione ad alto livello, in special modo attraverso il suo lavoro su Fortran, e per l'originale e influente proposta di metodi formali per la specifica di linguaggi di programmazione".

Il **Fortran** fu primo linguaggio di programmazione ad alto livello ad avere grande impatto, anche commerciale, sulla nascente comunità infor- matica. In seguito, Backus fu anche un membro molto attivo del comitato internazionale per il linguaggio "**Algol**" (abbreviazione di "Alrit- hmic Language", ossia linguaggio algoritmico), sviluppato nel 1958.

Il Fortran, grazie sia agli innumerevoli programmi applicativi sviluppati nel corso degli anni, sia alle immense librerie di funzioni (richiamabili anche da programmi scritti con altri linguaggi di programmazione), viene tuttora usato in ambito scientifico.

ENIAC, IL "CERERVELLONE"

Sembra quasi che sia passato "solo qualche tempo", da quando contavamo con le dita, e siamo arrivati a un'altra tappa "*mostruosamente*" importante della storia dei computer. Notate bene che se ho scomodato il termine "mostruosamente", l'ho fatto intenzionalmente e quando capirete di cosa sto parlando, vi rende-rete conto che questo è il termine giusto.

Allora, eccoci qui, durante la Seconda guerra mondiale, esattamente nel 1943.

Figura 23 : John W. Mauchly & John Presper Eckert, i creatori dell'ENIAC

L'esercito statunitense fece molte pressioni sul governo, allo scopo di realizzare una macchina in grado di risolvere i problemi balistici per il lancio dei proiettili d'artiglieria.

Il progetto venne denominato "***Project PX***", ed affidato a due scienziati con lo stesso nome: ***John Presper Eckert*** e ***John Mauchly***, ai quali occorsero ben settemiladuecentotrentasette ore di lavoro e diciottomila valvole termoioniche con una spesa di 486.804 dollari (otto volte superiore a quella preventivata) per completare L'"*Electronic Numerical Integrator and Computer*", più famigliarmente chiamato "E.N.I.A.C."

Le dimensioni di questo calcolatore erano impressionanti: **occupava una stanza di nove metri per venti e pesava circa trenta tonnellate.**

Figura 24 Parte dell' E.N.I.A.C (1946)

Le ***diciottomila valvole termoioniche*** erano collegate tra loro da *cinquecentomila contatti* saldati manualmente, utilizzava **mille e cinque-cento relè** e dissipava, in calore, una potenza di circa **duecento kilowatt**. Ciò creava seri problemi di affidabilità, perché il grande calore generato faceva bruciare le valvole con la frequenza di una ogni due minuti.

Quando venne acceso per la prima volta, causò un grosso blackout nel quartiere ovest di Filadelfia.

Le sue valvole termoioniche in funzione portavano l'ambiente ad una temperatura superiore ai 50 °C. Si notò in particolare che lo stress termico era maggiore soprattutto durante le fasi di accensione e di spegnimento del calcolatore, per cui venne deciso di lasciarlo sempre in funzione.

Nel 1948 vennero montate valvole più affidabili e questo ridusse la frequenza delle rotture ad una media di una ogni due giorni, con un periodo massimo di 116 ore ininterrotte nel 1954. Si calcola che, nel periodo in cui l'ENIAC è stato in funzione, abbia richiesto la sostituzione di diciannovemila valvole.

Chiunque avesse potuto visitare le stanze dove era ospitato il calcolatore, probabilmente, avrebbe avuto l'impressione di trovarsi in un'officina più che in un laboratorio. Ovunque regnava l'odore di circuiti elettrici, di trasformatori impregnati di olio isolante, metalli surriscaldati e acidi vari, per non parlare del fortissimo rumore generato dagli enormi impianti di condizionamento e dalle vibrazioni degli impianti di alimentazione dei circuiti.

Durante la presentazione ufficiale nel 1946, l'ENIAC fu in grado, in meno di un secondo, di moltiplicare il numero 97.367 per sé stesso 5.000 volte.

Al termine della funzione militare il *"**gigante di ferro**"* venne destinato a scopi civili, come la classificazione dei dati dei censimenti e **John von Neumann** lo utilizzò per realizzare la **prima previsione meteorologica** al computer. In quel particolare esperimento processò duecentocinquantamila operazioni in virgola mobile in circa 24 ore e realizzò una previsione per le 24 ore successive.

Rimase in funzione fino al 2 ottobre 1955, quando venne poi trasferito a Washington, al museo **Smithsonian Institution**, dove è tuttora esposto.

Tra le varie notazioni presenti su Wikipedia, (la famosa enciclopedia online) ce n'è una che mi ha colpito molto:

"È possibile che, in ambito militare, computer elettronici digitali siano stati costruiti senza renderlo di dominio pubblico. È invece improbabile che, fuori dall'ambito militare e prima dell'ENIAC, siano stati costruiti computer elettronici digitali senza renderlo di dominio pubblico".

Quel simpatico elefante fu di grande ispirazione per tutti i computer che vennero dopo, in particolare, lo stesso team progettò anche il suo successore, che venne chiamato EDVAC, (Electronic Discrete Variable Automatic Computer) ... ma EDVAC è più facile.

Qui è necessario (almeno credo ... poi mi direte!), fare una piccola precisazione.

In quel periodo si introducono due termini che possono risultare alquanto oscuri... **"computer a programma cablato"** e **"computer a programma memorizzato".**

Ok, ok ... adesso provo a spiegarvi le differenze:

Un computer a "*programma cablato*", come l'ENIAC, è un computer che viene programmato modificandone il cablaggio elettrico.

Il personale che lavorava nell'inferno rovente generato dalle sue valvole, (oltre a cambiare le stesse!), provvedeva anche a cambiare la configurazione dei cavi a seconda del tipo di calcolo da svolgere.

Un *"computer a programma memorizzato"*, invece, si contraddistingue perché funziona in base a un programma memorizzato su un supporto di memoria.
Questa caratteristica ha rappresentato un passo fondamentale nella storia evolutiva del computer.

Figura 25 John von Neumann (1903 - 1957) davanti all'EDVAC

L'EDVAC fu il successore di ENIAC, si trattava del primo computer a programma memorizzato ed effettuava i calcoli basandosi su sistema di numerazione binario.
Lo stesso Von Neumann ne descrisse l'architettura nel 1945, stilando un documento che fece conoscere l'architettura hardware di questo computer in tutto il mondo e creò un modello in uso ancora oggi e conosciuto con il nome di "Architettura di von Neumann".

Vogliamo parlare dei costi? Il contratto per la realizzazione del sistema venne firmato nell'aprile del 1946 con un budget iniziale di centomila dollari. Il costo finale dell'EDVAC fu di circa **cinquecentomila dollari**, quasi cinque volte il costo inizialmente preventivato.

Il computer divenne operativo solo in parte nel 1951, il suo completamento fu ritardato a causa delle dispute riguardanti la paternità di alcuni brevetti.

Nel 1960 l'EDVAC divenne completamente operativo, in grado di lavorare per più di venti ore al giorno e di eseguire operazioni senza errori per più di otto ore al giorno.
Nel corso del tempo la sua configurazione subì diverse modifiche,

come l'aggiunta di lettori di schede perforate, che avvenne nel 1953, l'inserimento di una memoria a tamburo, nel '54 ed infine, nel 1958, venne dotato di un'unità in virgola mobile.

L'EDVAC *rimase in funzione fino al 1961* quando venne mandato in riposo e sostituito dal **BRLESC**. (Ballistic Research Laboratories Electronic Scientific Computer). Sviluppato per applicazioni scientifiche e militari, era dotato di un'elevata precisione e velocità in modo da poter gestire logistica e problemi legati alla gestione degli armamenti. Era formato da 1727 valvole termoioniche ed era dotato di una memoria di 4096 parole da settantadue bit.

Utilizzava nastri perforati, nastri magnetici e memorie magnetiche come periferiche di input/output, ed era in grado di eseguire cinque milioni di operazioni al secondo.

Una fonte non confermata ci riferisce che nel 1958, negli Stati Uniti c'erano 2.500 computer, che salirono a 6.000 nel 1960, per crescere ancora fino a 20.000 nel 1964 e a 63.000 nel 1969.

Lo psicologo **Joseph C.R. Licklider** cominciò a studiare gli effetti dell'impiego dei computer su vasta scala. In quel periodo non era possibile affidare una macchina a chiunque, dato il costo elevatissimo, ma era comunque possibile installare terminali interattivi che consentivano a molti utenti contemporaneamente l'accesso alle risorse del computer centrale.

Nel 1962 viene creata la tastiera "***Teletype***", con cui venne equipaggiato il **CDC 3600**, mentre nel 1963 venne creato il **codice ASCII**, l'acronimo di **American Standard Code for Information Interchange** (ovvero "Codice Standard Americano per lo Scambio di Informazioni").

Nel 1960 venne creato dalla **DEC** il **PDP-1** che fu il primo elaboratore programmabile immesso sul mercato e vendette quarantanove esemplari.

Se non fu proprio un successo commerciale, il PDP-1 fu un enorme passo avanti tecnologico.

La grande diffusione del colosso americano IBM arrivò anche in Italia con l'apertura, nel 1927, della filiale denominata "***Simc***" (Società Italiana Macchine Commerciali). Un anno dopo, a Milano, venne

aperta la filiale commerciale con undici dipendenti. Negli anni '30 la società cambierà la denominazione, prima in "*Hollerith italiana*", poi in "*Watson Italia*" fino al 1946, quando diventò "*IBM Italia*".
Il primo cliente fu il **Ministero dei Trasporti** che, nel 1927, acquistò un sistema meccanografico per la gestione dei ricambi delle Ferrovie dello Stato.

Figura 26 La sede IBM Di Vimercate, foto storica del giornale L'Unità

Nel 1931, data l'esperienza storica, venne affidata ad IBM *l'elaborazione dei dati del censimento*, i cui risultati vennero pubblicati entro due anni.
L'azienda realizzò nello stesso anno, la prima gestione meccanografica del **pagamento delle pensioni, con l'utilizzo di una scheda perforata come ricevuta**.
Con la meccanizzazione della *Cassa di Risparmio di Verona*, nel 1936, ebbe inizio la lunga storia di successi della IBM nel mercato bancario.
Nel 1940 *l'Ente Nazionale Audizioni Radiofoniche*, in collaborazione con la filiale italiana, elaborò i risultati del *primo sondaggio di opinione* tra gli ascoltatori.
Nel 1942 vennero installati i primi calcolatori 701 presso la **Banca d'Italia** e alle **acciaierie Dalmine**.

Nel 1960 l'azienda si occupò *dell'elaborazione dei risultati delle gare olimpiche di Roma*. Qualche anno dopo, nel 1966, venne aperto lo stabilimento di Vimercate a Milano, destinato alla produzione del S/360, il primo calcolatore con la tecnologia a chip integrato.
Era il 1968 quando **Alitalia** avviò uno dei primi sistemi di teleprocessing. Il suo *sistema di prenotazioni* iniziò a operare su base mondiale. Per quel progetto si servì di *tre Sistemi/360*, di trecentocinquanta terminali video e di centodieci telescriventi.

I cavi necessari all'interconnessione della rete ebbero una lunghezza complessiva di cinquantamila chilometri.

Nel 1979 venne aperto a Roma il *Laboratorio di Sviluppo Software e successivamente*, nell'81, nacque il secondo stabilimento a Santa Palomba, nella zona sud di Roma.
Da questo stabilimento avrà origine, nel 1996, il "**Rome Tivoli Lab**", con una missione mondiale nello sviluppo e nel supporto di prodotti software per il controllo dei sistemi e delle reti.

UN'AVVENTURA TUTTA ITALIANA

C'è però un'altra storia, tutta italiana, che desidero raccontarvi. Vi ricordate del breve capitolo sulla macchina da scrivere? Bene, quel progetto dello sfortunato avvocato Ravizza trovò in un altro nostro connazionale la spinta necessaria per la sua diffusione.

Figura 27 Camillo Olivetti (Ivrea, 1868 – Biella, 1943)

Camillo Olivetti nacque ad Ivrea il 13 agosto del 1868; il padre era un piccolo agricoltore e mediatore di terreni. Apparteneva ad un'agiata famiglia di origini ebraiche, probabilmente giunta a Ivrea dalla Spagna nel Seicento. Frequentò il Politecnico di Torino, dove seguì i corsi di **Galileo Ferraris** e con lui si laureò in ingegneria elettrotecnica nel 1891.

Dopo la laurea soggiornò a Londra, dove perfezionò l'inglese, cosa che gli sarebbe tornata utile qualche anno più tardi.

Tornato in patria, lavorò all'università come assistente di Galileo Ferraris.

Nel 1893 Ferraris venne invitato a tenere una conferenza al Congresso Internazionale di Elettrotecnica di Chicago. Camillo lo accompagnò facendogli anche da interprete. In questa occasione ebbero modo di visitare i laboratori di Thomas Edison e di incontrare di persona l'inventore americano.

In una lettera scritta al cognato, egli annota le sue impressioni di quell'incontro.

"13 agosto 1893. (...) Adesso che ti ho dato qualche impressione sulla città, ti dirò come ho passato il mio tempo. (...) Il sig. Hammer ci condusse a Lewellin

Park, distante una mezz'ora di ferrovia da New York, per vedere il laboratorio di Edison. Il sig. Edison in persona ci venne a ricevere e fece con noi un po' di conversazione e ci eseguì sul suo fonografo alcuni pezzi di musica. (...) Edison ha là a Llewellin Park un enorme edificio che, come la maggior parte degli edifici industriali e privati di qui, è in legno. Là, oltre una bellissima biblioteca e un magazzino in cui tiene un po' di tutto, ha un enorme laboratorio con una settantina di cavalli di forza motrice, macchine, dinamo elettriche, torni, macchine utensili, un gabinetto completo di fisica ed uno di chimica, un gabinetto fotografico e persino un teatro dove sta facendo esperienze, che pare fino ad ora non riescano molto, sul cinematografo".

E poi riprende con qualche personalissimo accenno.

"È aiutato da un numero grande di assistenti e qualunque cosa gli salti in mente di costruire, lo può fare senza difficoltà. Edison è un bell'uomo, alto e tarchiato dalla faccia napoleonica. È gentile, ma essendo piuttosto sordo, e d'altra parte non essendo il prof. Ferraris capace per il momento né di intendere, né di spiegarsi molto in inglese, la conversazione non fu molto animata. (...)"

(Camillo Olivetti, Lettere Americane, Fondazione Adriano Olivetti, 1968-1999)

Camillo continuò da solo il viaggio da Chicago a San Francisco, annotando scrupolosamente le cose che man mano scopriva sugli Stati Uniti. Qui ebbe modo di frequentare, come assistente di elettrotecnica, la Stanford University dal novembre 1893 fino all'aprile 1894.
Tornato in Italia, si mise in società con due ex compagni di università e fece l'importatore di macchine per scrivere e biciclette. Successivamente concepì l'idea di fondare un'azienda per produrre e commercializzare strumenti di misurazione elettrica, che in parte lui stesso disegnava e brevettava. Nacque così ad Ivrea, nel 1896, la "**C. Olivetti & C.**", per la quale egli stesso progettò la fabbrica in mattoni rossi costruita per ospitare l'officina.
Camillo Olivetti aveva l'abitudine di scegliere personalmente gli operai e quasi tutti arrivarono dal mondo contadino. Per ovviare alle lacune in campo professionale, egli cominciò a fare dei corsi elementari di elettricità presso la sua abitazione di *Montenavale*, alla periferia di Ivrea.

Tra gli allievi emerse **Domenico Burzio**, un ex fabbro che da lì in poi seguì dovunque l'ingegner Camillo, divenendo anche il primo direttore tecnico della Olivetti.

Nel 1903, per la necessità di trovare nuovi soci, risorse finanziarie e sbocchi commerciali, la piccola azienda di strumenti elettrici si trasferì a Milano, dove nel 1905 assunse la denominazione di "*C.G.S*". (*Centimetro, Grammo, Secondo*, il nome di un vecchio sistema di misura elettrodinamico).

Ma Camillo Olivetti era sempre e costantemente alla ricerca di nuove esperienze, così, dopo qualche tempo, lasciò la gestione dell'azienda per rientrare a Ivrea; era il 1907.

Il 29 ottobre 1908, Camillo riaprì la piccola fabbrica in mattoni rossi e fondò la ***"Ing. C. Olivetti e C."***

Qui ebbe inizio la laboriosa preparazione del primo modello di macchina per scrivere. Sul progetto lavorava un gruppo di una ventina di persone, che lo stesso Camillo provvide ad addestrare.

Dopo tre anni di lavoro e non poche difficoltà, uscì il primo modello, la ***M1***, che fu presentata all'esposizione universale di Torino del 1911.

Il prodotto venne così descritto:

"Macchina da scrivere di primo grado. Disegni originali, scrittura visibile, tastiera standard, bicolore, tabulatore decimale, tasto di ritorno, marginatore multiplo, lavorazione moderna di assoluta precisione."

Ebbe così inizio la grande avventura della prima fabbrica italiana di macchine per scrivere.

Gli inizi non furono facili: Camillo dovette trovare nuovi soci e risorse finanziarie, costruire una rete di vendita e seguire i clienti, che spesso era costretto a visitare personalmente, muovendosi in bicicletta, oppure accompagnando un fattorino o un meccanico dell'assistenza, a cui talvolta si dovette sostituire.

Dopo qualche tempo, però, le fatiche vennero premiate e l'azienda iniziò ad espandersi rapidamente. Nel 1920 uscì il secondo modello di macchina per scrivere, la ***M20***, e la produzione finalmente aumentò.

In quel periodo, in tutto il paese, era tempo di scioperi e contestazioni, ma a Ivrea la situazione era diversa: Camillo conosceva personalmente tutti i suoi operai ed aveva sempre cercato di tutelarli al meglio.

Questo aspetto venne riconosciuto, oltre che dai dipendenti, anche dalle organizzazioni sindacali, che decisero di non fare scioperi.

Nel 1922 costituì la fonderia e nel 1926 la **OMO** (Officina Meccanica Olivetti) per la costruzione di macchine utensili e altre macchine speciali, utili alla produzione di ricambi delle macchine per scrivere.

Dopo il rientro del figlio Adriano da un viaggio di studio negli Stati Uniti, l'attività produttiva della fabbrica venne completamente riorganizzata, ma subì profondi cambiamenti anche la struttura commerciale, che venne potenziata sia in Italia che all'estero.

Nel corso degli anni '30, Camillo Olivetti cedette al figlio sempre maggiori responsabilità nella conduzione dell'azienda, ma continuò anche a svolgere un ruolo importante nel promuovere un'intensa attività di progettazione e di produzione, con nuovi modelli di macchine per scrivere, i primi mobili per ufficio, le prime telescriventi e macchine da calcolo.

Nel 1938 lasciò definitivamente la presidenza della Società a favore del figlio Adriano, senza però tralasciare l'impegno per il continuo miglioramento dei servizi sociali per i dipendenti.

Durante la Seconda Guerra Mondiale, scrisse e pubblicò clandestinamente un opuscolo che proponeva radicali riforme in campo sociale, economico-finanziario e industriale.
Dopo l'armistizio dell'8 settembre 1943, egli dovette lasciare la propria casa di Ivrea e rifugiarsi nel biellese.
Furono momenti drammatici, per l'azienda e anche per la famiglia Olivetti.
Il 4 dicembre del 1943 morì all'ospedale di Biella e venne sepolto nel cimitero ebraico. Ad accompagnarlo, sotto una pioggia battente, c'era un gran numero di persone, giunte con ogni mezzo da ogni angolo del Canavese, nonostante il grave rischio del tempo di Guerra.

Negli anni '30, con l'assunzione della carica di direttore generale dell'azienda da parte di Adriano, le politiche edilizie della società cambiarono radicalmente direzione. Egli cominciò a coinvolgere progettisti esterni nella costruzione degli impianti produttivi e nella realizzazione delle infrastrutture che andarono ad accompagnare la nascita e la crescita del distretto industriale di Ivrea.

Nel 1934, gli architetti milanesi **Luigi Figini** e **Gino Pollini**, vennero chiamati per realizzare il primo ampliamento della fabbrica in mattoni rossi, in quanto essi erano più vicini ai movimenti internazionali in quel momento considerati all'avanguardia.

Sino alla metà degli anni '50, in Italia i calcolatori elettronici erano praticamente sconosciuti, enormi, difficili da usare, e costosissimi, insomma, qui da noi non avevano certo mercato.
Il primo calcolatore arrivò nel 1954, acquistato in California dal Politecnico di Milano.

Si trattava di un sistema **CRC 102**, l'incarico di portarlo in Italia venne affidato al prof. **Luigi Dadda**, che ne seguì personalmente la messa a punto presso il costruttore.
Le imprese italiane non pensavano ancora all'impiego di sistemi elettronici, né tanto meno, erano in grado di interessarsi alla progettazione e costruzione di queste macchine.

Nel 1949 **Enrico Fermi**, visitando l'Olivetti aveva richiamato l'attenzione di Adriano sui possibili sviluppi dell'elettronica. Nel dicembre di quello stesso anno l'azienda concluse un accordo con la francese **Compagnie des Machines Bull** e diede vita alla joint-venture "Olivetti-Bull", per comchine a schede perforate. Nel 1950 nacque la **Olivetti Bull S.p.A.**

Nel 1952 **Dino Olivetti**, fratello di Adriano, aveva aperto a New Canaan nel Connecticut (USA), un centro di ricerche elettroniche, affidato a **Michele Canepa**, per seguire gli sviluppi della nuova tecnologia. Nel 1955 l'Università di Pisa fu la prima ad accogliere la proposta di Enrico Fermi e ad avviare il progetto di un calcolatore elettronico per applicazioni tecnico-scientifiche, la Calcolatrice Elettronica Pisana. Olivetti si associò all'iniziativa e il 7 maggio 1955 firmò una convenzione con l'università di Pisa, a cui offrì un sostegno finanziario e il supporto di alcuni suoi ricercatori.
Dopo pochi mesi, però, probabilmente in seguito ai continui solleciti di **Roberto Olivetti** (1927-1985), figlio di Adriano, l'azienda, pur continuando a collaborare con l'Università di Pisa, decise di lanciare un proprio progetto per realizzare un calcolatore per scopi industriali e commerciali.

In una villetta di via del Capannone, a Barbaricina presso Pisa, si insediò il **Laboratorio di Ricerche Elettroniche** (LRE)

La direzione del progetto nel novembre 1955 fu affidata a **Mario Tchou**, un giovane ingegnere italo-cinese, specializzato in fisica nucleare, incontrato da Adriano alla Columbia University di New York. Attorno a Tchou si creò un gruppetto di giovani ed entusiasti ricercatori che, in seguito a nuove assunzioni, ben presto salì a una cinquantina di elementi.

Nella primavera 1957 venne messo a punto un prototipo l'**Elea 9001** o "**Macchina zero**", (ELEA è l'acronimo di Elaboratore Elettronico Aritmetico) che venne poi trasferita a Ivrea per automatizzare la gestione del magazzino.
L'anno successivo uscì l'**Elea 9002** a valvole, la "**Macchina 1V**", poi trasferita presso la direzione commerciale a Milano.
La vendita di questa macchina venne però sospesa in quanto il team, cominciò lo sviluppo di una macchina completamente a transistor, più veloce e meno costosa.

L'8 novembre del 1959, l'Olivetti fu in grado di presentare al Presidente della Repubblica **Giovanni Gronchi**, l'**Elea 9003**.

Figura 28 Elea 9003, dettaglio della tastiera

La struttura logica di questo calcolatore, pensata dall'Ing. **Giorgio**

Sacerdoti, era all'avanguardia così come il suo design, frutto del lavoro dell'architetto e designer ***Ettore Sottsass***.

Dal punto di vista logico la macchina era *dotata di multitasking*, in grado cioè di gestire *tre programmi contemporaneamente*.
Elea 9003 fu anche l'unico della serie a essere realmente commercializzato in circa quaranta esemplari, il primo dei quali (Elea 9003/01) fu installato alla ***Marzotto*** di Valdagno, mentre il secondo (Elea 9003/02) fu venduto alla banca ***Monte dei Paschi di Siena***.
La potenza di calcolo era di circa diecimila istruzioni al secondo e fu per alcuni anni superiore a quella dei concorrenti.
La grande qualità tecnica di questo calcolatore consentì a Olivetti di ricevere il ***"Compasso d'Oro"***, (un riconoscimento che viene assegnato dall'Associazione Disegno Industriale, con l'obiettivo di premiare la qualità del design italiano).
Ogni calcolatore Elea prodotto utilizzava tremila transistor e diodi molto affidabili, fu proprio la necessità di avere disponibili questi componenti che, nel '57, spinse Olivetti a fondare, insieme alla "***Telettra***", la "***Sgs***" (Società generale Semiconduttori) con lo scopo di sviluppare e produrre componenti a semiconduttore.
Nel 1961 fu tra le file di Olivetti, anche l'allora diciannovenne Federico Faggin, a capo di un progetto per la costruzione di un piccolo calcolatore elettronico sperimentale.

In una recente intervista, il padre dei microprocessori, dichiarò che:

"l'esperienza fatta all'Olivetti fu indispensabile alla creazione del microprocessore stesso, che avvenne in America dieci anni dopo".

Il 27 febbraio del '60, tre mesi dopo la presentazione dell'Elea 9003, proprio quando le prospettive della nuova tecnologia avrebbero richiesto un importante svolta strategica e organizzativa, Adriano Olivetti partì dalla stazione centrale di Milano diretto a Losanna e proprio su quel treno morì stroncato da un infarto.
Il mercato italiano non era ancora pronto per le innovazioni apportate da Olivetti e la situazione economica si fece difficile, tanto che, nell'estate del '64, la divisione elettronica venne ceduta alla ***General Electric***.

IL PRIMO DESKTOP COMPUTER DELLA STORIA

Olivetti in quel periodo storico era una grande fucina di innovazione, e tante sono le storie che sono accadute in quell'ambito. C'è però una "piccola grande vicenda" sonosciuta al grande pubblico, che è stata riscoperta e portata sotto i riflettori nel 2015 dall'allora Digital Champion e giornalista Riccardo Luna, ma della quale con molto orgoglio posso dire di aver parlato anche nel mio precedente volume edito nel 2014.
Lo so, voi non potete vedere la mia faccia mentre scrivo queste righe, ma sappiate che sto gongolando!

E' la storia della "Programma 101"

Saltiamo sulla macchina del tempo ed impostiamo la data: il *1961*. Quando lo sportello del nostro *"Taxi del tempo"* si apre ... ci troviamo nei laboratori di Ivrea, dove tre giovani progettisti sono radunati con fare pensieroso davanti a quello che sembra un circuito stampato.

Sono il diciannovenne **Gastone Garziera**, **Giovanni De Sandre**, (26 anni) e il capo progetto, l'ingegner **Pier Giorgio Perotto** che all'epoca, con i suoi 31 anni era anche il più anziano del gruppo.
Quella che stanno così attentamente analizzando è una memoria con un nome di quelli che adesso te lo ricordi, ma tra cinque minuti te lo sei già scordato, memoria *"magnetostrittiva"*, con la capacità di un quarto di Kb.
L'idea era assolutamente ambiziosa e unica, avevano in mente di progettare *un computer piccolo, programmabile, ma soprattutto facile da utilizzare*.
All'epoca non esisteva nulla di simile, gli esempi che avevano davanti erano l'Elea, da un lato e i grandi calcolatori americani dall'altro. Tutte macchine gigantesche, impossibili da muovere, appannaggio esclusivo di alcuni selezionati programmatori.
Loro decisero di cambiare strada, di staccarsi da tutti questi modelli per pensare in un modo nuovo.
La strada che avevano deciso di intraprendere per questo progetto era tutta in salita e senza alcun punto di riferimento. Era un'impresa epica,

ma anche una corsa contro il tempo, perché c'era la possibilità che qualcuno potesse precederli.

Tuttavia, come dichiarò spesso Garziera nelle varie interviste (molte di esse rintracciabili anche su Youtube), all'epoca ebbero anche qualche buon colpo di fortuna, uno di questi fu senza dubbio la *"stampantina…"* Si, lo so che sembra banale, ma nella logica del progetto, cioè quella di un computer che potesse stare su una scrivania, in cui l'unico modo per poter visualizzare i dati doveva essere quello di stamparli, capite bene che una stampante piccola aveva la sua grande importanza.

La stampantina c'era già, era stata inventata proprio li, in Olivetti, che, come abbiamo giò detto, era una continua fucina di idee, ma era stata accantonata perché non si sapeva come applicarla.

La situazione dell'azienda non era affatto facile e Perotto dovette lottare molto duramente perché il progetto non fosse abbandonato.

Nonostante le forti contestazioni interne la scelta di vendere la divisione elettronica fu avvallata dalla dirigenza.

Tutti i progetti che rientravano nella categoria *"elettronica"* dovevano essere ceduti alla General Elecrtic.

Ma il gruppetto di programmatori non si diede per vinto e durante la notte, Perotto ed il suo team, provvidero, con estrema cura a cancellare la denominazione *"Calcolatore"* sui manuali tecnici e sulle schede di lavorazione del progetto, sostituendola con la dicitura *"Calcolatrice"*.

Grazie a questo escamotage, il prodotto rimase in Olivetti ed i tre giovani progettisti continuarono a lavorare in una sorta di *"semi-clandestinità"*, tanto che i vetri delle finestre dei laboratori vennero dipinti di nero per impedirne la vista dall'esterno.

Alla fine, però il risultato fu sorprendente, nacque la "**Programma 101**". Si trattava di una calcolatrice elettronica, dotata di salto condizionale cioè di quella istruzione: *"se… allora…"*, che permetteva la scelta tra due o più alternative logiche, detto in termini più semplici era un computer programmabile!

Si intuì che anche il design del nuovo calcolatore non doveva essere lasciato al caso, venne contattato perciò **Mario Bellini**, un giovane e promettente architetto, oggi tra i più importanti a livello mondiale.

"Si trattava di disegnare, non una semplice scatola per dei circuiti, ma un oggetto personale, che doveva instaurare con l'utilizzatore un rapporto di interazione e di comprensione, insomma si trattava di dare forma ad un computer che non era più un armadio, come quelli conosciuti fino a quel momento, ma un oggetto destinato ad entrare nello "spazio personale" delle persone".

Dichiarò lo stesso Bellini anni dopo in un'intervista.

L'informatica a *"misura d'uomo"* trovò così la sua forma perfetta. Insomma, la P101 era di fatto un computer molto simile a quelli cui noi oggi siamo abituati, dove dati ed istruzioni venivano immessi grazie ad un tastierino alfanumerico.

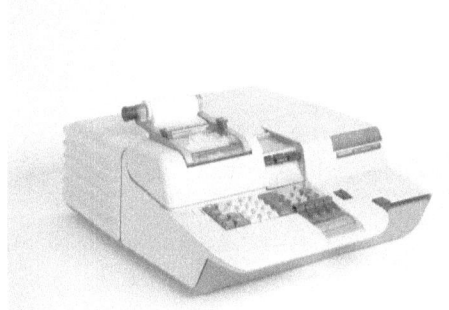

Figura 29 La Olivetti Programma 101

Era priva di monitor, come tutti gli elaboratori elettronici dell'epoca, e i risultati delle elaborazioni erano leggibili su una striscia di carta grazie alla stampante integrata nel corpo macchina. Ma l'idea geniale fu quella di memorizzare i dati su schede magnetiche, che si potevano inserire nell'apposito lettore.
Queste schede, costituite da un cartoncino rigido sul quale erano incollate due strisce di nastro magnetico, furono delle vere e proprie **antenate del floppy disk** e svolgevano la stessa funzione.
Potevano essere scritte e lette in sequenza, una scheda dietro l'altra, permettendo di salvare dati e programmi per un uso successivo.
La Programma 101 era progettata in modo modulare così da essere facile da assemblare ma anche da riparare. Era perfino silenziosa, se paragonata alle macchine contabili di tipo meccanico vendute all'epoca.

Pesava poco più di trenta Kg (che adesso ci sembrano tantissimi, ma per quei tempi era una piuma!) ed aveva le dimensioni di una macchina da scrivere professionale.

Era relativamente facile da trasportare e semplice da usare, permetteva di ottenere in pochi secondi quei risultati che invece richiedevano decine di minuti, se non ore, con macchine ad ingranaggi.

Nel 1965 venne presentata ufficialmente al pubblico alla grande fiera di New York (la più grande fiera mai realizzata dedicata al futuro). Venne però relegata in una sala secondaria, in quanto la dirigenza aveva deciso di puntare tutto sulle macchine da scrivere e sulle calcolatrici meccaniche in particolare sulla "Logo 27".

Il fatto che nessuno avesse ancora inventato uno strumento simile alla P-101, invece di essere visto come un fatto positivo, venne considerato la riprova della sua inutilità,

"Se nessuno fino ad ora l'ha fatta, vuol dire che il Mercato non la richiede"

Fu questa la constatazione dell'allora presidente dell'azienda.

La "Programma 101" per Olivetti rappresentava una specie di prototipo, un esempio di quello che avrebbe potuto fare l'azienda in futuro.

Tuttavia, nel grande contenitore della fiera, la presentazione di quel prototipo avvenne davanti ad un pubblico non specialistico, le persone presenti erano quelle che, di fatto, avrebbero potuto esserne i reali utilizzatori.

Quando il presentatore annunciò che la macchina avrebbe eseguito un programma in grado di calcolare la rotta di un satellite intorno alla terra, si istaurò un clima di suspense, che si sciolse in un applauso a scena aperta quando, dopo qualche secondo dall'inserimento della scheda magnetica, la stampantina cominciò a sfornare a raffica i dati relativi al risultato del calcolo.

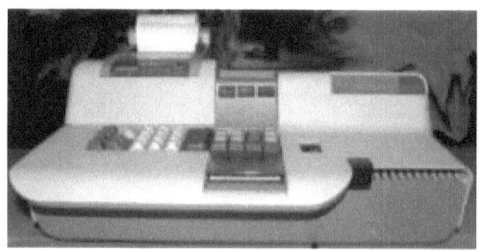

Figura 30La Programma 101 - The first desktop computer of the World

La Programma 101 riscosse un grande successo tra la stampa statunitense. Sulle prime pagine dei giornali americani più autorevoli dell'epoca si leggevano titoli come:
"The first desktop computer of the World" (Il primo computer da scrivania del mondo).
Olivetti produsse questa macchina per *"gente comune"*, quindici anni prima dell'era di *Steve Jobs* e *Bill Gates*, e proprio, la "***Perottina***", come venne simpaticamente ribattezzata dai suoi utilizzatori ha festeggiato nel 2015 i suoi (primi) "quasi" sessant'anni.
Il Mercato si dimostrò favorevole e molto ricettivo nei confronti della Programma 101 al punto che, negli anni immediatamente succes- sivi, le vendite furono davvero enormi, con una pubblicità basata quasi interamente sul passaparola.
Anche la **NASA** ne acquistò svariati esemplari per i calcoli del ***Progetto Apollo*** ed anche scienziati ed ingegneri dell'***Unione Sovietica*** la acquistarono per le loro ricerche. La versatilità del calcolatore era tale che addirittura si diffuse anche in settori assolutamente inaspettati come quello della sartoria e della lattoneria, dove veniva utilizzata per lo svolgimento del lavoro quotidiano.

Nonostante questo successo, le cose per Olivetti continuarono a non andare bene, ma non mi dilungherò ad analizzarne i motivi perché non rientrano nello scopo di queste pagine.
Di certo però è innegabile che Olivetti abbia giocato un ruolo di primo piano nella storia dell'informatica.
Tra varie curiosità legate a Olivetti però voglio citarne qualcuna:

- La Programma 101, ebbe un osservatore privilegiato, la Hewlett Packard, che ne copiò il progetto producendo l'HP9100. Nel 1967 infatti, HP dovette versare novantamila dollari di royalties all'azienda italiana.
- Fu proprio su un HP9100, che un giovanissimo Steve Jobs, mosse i suoi primi passi su un calcolatore, durante un corso estivo organizzato alla HP

*Figura 31Figura 31
HP9100 per il quale HP
dovette pagare una
royalities a Olivetti*

In una recente intervista, rilasciata a Radio 24, Carlo de Benedetti, che nel 1978 fu presidente dell'azienda, raccontò di aver avuto un incontro con Steve Jobs e Steve Wozniak, in quanto la neonata Apple era alla ricerca di finanziatori.

"È vero, ho conosciuto Steve Jobs e Wozniak, smanettavano su delle piastre elettroniche. È stato proprio Wozniak, e non Steve Jobs, a farmi la proposta: mi chiedeva duecentomila dollari per finanziarli, in cambio del venti per cento della Apple.
[...]Io allora con la Olivetti ero in bancarotta. Però è vero: è stato l'errore più grande della mia vita".
(Radio 24 Intervista a Carlo de Benedetti)

C'è davvero da chiederselo, che cosa sarebbe accaduto se l'accordo fosse andato in porto? Duecentomila dollari negli anni'70 risultavano una cifra davvero notevole, soprattutto per una società in profonda crisi; tuttavia, quel 20% oggi potrebbe avvicinarsi se non superare i 100 miliardi di dollari.

SOFTWARE, SISTEMA OPERATIVO E LINGUAGGI DI PROGRAMMAZIONE

Abbiamo già accennato alla nascita del software quando abbiamo parlato di Ada Lovelace.

Ma cos'è il software?

Anche qui, come ho già fatto all'inizio del nostro viaggio, tiro fuori il mio bel manuale e cito testualmente:

"Il software è un termine generico che definisce programmi e procedure utilizzati per far eseguire al computer un determinato compito".

Un po' scarna, vero? Ormai lo sapete, le definizioni sono sempre un po' riduttive.
La parola "***software***" traslata dall'inglese, nasce per imitazione del termine "***hardware***" e dalla composizione delle parole "*soft*" (traducibile in italiano con gli aggettivi "*morbido*", "*tenero*" o "*leggero*") e "***ware***" (il cui equivalente nella nostra lingua potrebbe essere "*merci*", "*articoli*" o "*prodotti*").
Se l'hardware è la parte fisica, tangibile, toccabile di un computer, il software è la parte non fisica, contenuta nell'hardware, ma in grado di interpretare e comandare l'intero sistema.
Ne consegue che le due parti risultano assolutamente inscindibili.
Non sappiamo con esattezza chi abbia coniato il termine e come sempre accade (lo abbiamo già detto), l'argomento è oggetto di polemiche: ad esempio, l'americano **Paul Niquette** la rivendicò, sostenendo di averla coniata nel 1953.
Sappiamo però con certezza che il termine "***software***" venne scritto per la prima volta in un articolo pubblicato **dall'American Mathematical Monthly**, nel 1958, da **John Wilder Tukey** (noto statistico americano).
In linea generale possiamo definire che il concetto di software ha avuto origine durante la Seconda guerra mondiale, quando i tecnici dell'esercito inglese erano impegnati nella decrittazione dei codici di "***Enigma***", una macchina elettromeccanica che serviva per cifrare e

decifrare messaggi, e che fu ampiamente utilizzata dall'esercito tedesco. Di questa macchina gli inglesi avevano scoperto le caratteristiche meccaniche grazie ai servizi segreti polacchi.

La prima versione di Enigma sfruttava tre rotori, che permettevano di mescolare le lettere, ma dopo il 1941, ad essa, venne aggiunto un ulteriore rotore, che rese i codici notevolmente più complessi. A quel punto, il team di crittoanalisti inglesi, capitanati da **Alan Turing**, si dovette interessare non più alla sua struttura fisica, ma alle posizioni in cui venivano utilizzati i rotori.

Figura 32 Enigma, la macchina elettro-meccanica usata dall'esercito tedesco per criptare/ decriptare i messaggi

Come se il lavoro non fosse stato già abbastanza complicato, occorre aggiungere che queste istruzioni erano scritte su pagine solubili nell'acqua per poter essere più facilmente distrutte, evitando che finissero in mani nemiche.
Sembra che un'altra possibile origine del termine "***software***" sia dovuta proprio all'idea di descrivere questa caratteristica.

Figura 33 Alan Turing (1912 – 1954)

Turing ideò una serie di tecniche per violare i cifrari tedeschi utilizzati per le comunicazioni tra i sottomarini, incluso quello che venne nominato il "*Metodo della Bomba*", a dimostrazione della sua efficacia.

Si trattava di una macchina elettromeccanica in grado di decodificare codici creati mediante Enigma.

Il lavoro svolto da Turing ebbe una grande influenza sullo sviluppo dell'informatica; egli, infatti, definì i concetti di algoritmo e di calcolo eseguendoli mediante la sua invenzione, la "*Macchina di Turing*", che ha segnato un importante passo nella creazione del moderno computer.

La macchina di Turing, diversamente da tutti i modelli che abbiamo citato fino a questo momento, ha una particolarità unica; potremmo dire che, di fatto, non esiste.

Sì, mi sembra proprio di vedere le vostre facce... Ve ne state lì dubbiosi a domandarvi se vi sto prendendo in giro o se sono completamente e solennemente uscito di senno!

Niente paura, per il momento sono ancora in grado di intendere, almeno quel tanto che basta per provare a darvi una spiegazione.

La macchina di Turing, in realtà, è un *modello astratto*, costituito da un nastro scorrevole, diviso in caselle numerate e con una testina capace di riconoscere, in ogni casella, la presenza degli stati aperto chiuso (1 o 0), secondo la logica binaria.

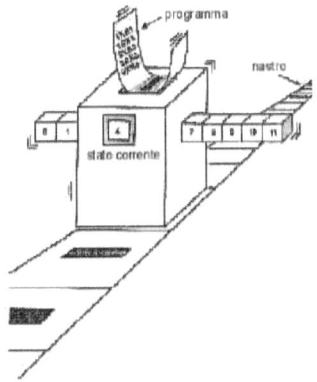

Figura 34 Nell'illustrazione, è rappresentato lo schema concettuale della macchina di Turing, un lettore e un nastro infinito

Se, in un ambiente teorico non si pongono limiti alla lunghezza del nastro e al tempo necessario per completare le operazioni, la macchina è in grado di compiere funzioni di qualunque grado di complessità.

I computer progettati fino ad allora, nascevano per rispondere ad uno scopo preciso o al limite per un numero limitato di applicazioni, Turing

invece capì che doveva essere possibile realizzare una macchina che riuscisse a fare praticamente tutto, esattamente come i computer a cui oggi siamo abituati.
Siccome questa teoria è decisamente complessa, e anche un po' rivoluzionaria, direi che potremmo tentare di avvicinarci ad essa in modo semplice.

Vediamo, provate ad immaginare una macchina in grado di svolgere alcune semplici istruzioni ("si/no", ad esempio).

Bene, ora provate a pensare a quest'altro concetto: ogni problema, se analizzato secondo un modello matematico, è riducibile ad una serie di semplici istruzioni. Più si riesce a "***spezzettare***" il problema, più facilmente sarà possibile fare in modo che i singoli pezzi siano semplici. Ora, se una macchina in grado di analizzare quei pezzetti, uno per volta, avesse a disposizione un tempo illimitato, essa sarebbe in grado di risolvere pezzo dopo pezzo, l'intero problema.

La parte più difficile sta ovviamente nel determinare con esattezza quali siano i livelli semplici e come spezzettare i grossi problemi.
Turing era convinto che si potessero creare macchine capaci di "***mimare***" i processi del cervello umano, secondo la sua idea non c'era niente che potesse fare il cervello, che allo stesso tempo un computer ben progettato non potesse imitare.
Se si fosse riusciti ad inventare una macchina in cui i circuiti non dovessero essere smontati e rimontati, ogni volta che cambiavano le operazioni da compiere, il calcolatore sarebbe diventato capace di modificare le proprie azioni da sè, di eseguire operazioni differenti a seconda di alcune variabili. (Vi ricordate quando abbiamo accennato alla differenza tra "*Programma cablato*" e "*programma memorizzato*" ?, ecco la differenza sta tutta in questo concetto.)
Egli teorizzò inoltre, che i computer del futuro avrebbero avuto la capacità di percepire l'esterno attraverso una serie di apparecchiature come telecamere, microfoni, altoparlanti, ecc...
Nel 1950 ipotizzò l'analogia tra l'hardware ed il corpo umano e quella tra il software e la mente umana e disse che entro il duemila, si sarebbero create macchine intelligenti, in grado cioè di ***"pensare"*** e risolvere autonomamente dei problemi.

Turing entrava spesso in dibattiti infuocati con altri scienziati per via delle sue concezioni radicali sul futuro dell'informatica.

Noi, che conosciamo i processori moderni, non abbiamo alcuna difficoltà nel pensare a computer in grado di svolgere funzioni differenti.

La situazione era invece ben diversa negli anni 50, per i contemporanei di Turing, quelle idee risultavano oltremodo stravaganti, e a tal proposito egli non perse occasione di scrivere articoli e partecipare a programmi radiofonici portando avanti con determinazione le proprie idee.

In un articolo nel 1950 egli cui descrisse quello che attualmente è conosciuto come il **Test di Turing**. Il test consiste in una persona che pone delle domande tramite una tastiera sia ad un uomo che ad una macchina intelligente.

Egli era convinto che, per chi effettuava i test, non sarebbe stato possibile distinguere, dopo un certo periodo di tempo, le risposte fornite dalla macchina da quelle date dall'uomo. Era il concetto che anni dopo venne chiamato *"Intelligenza Artificiale"*

Nel corso delle indagini in seguito ad una sua denuncia di furto, egli confessò, ingenuamente, alla polizia la propria omosessualità.

Tale dichiarazione lo trascinò, nel 1952, sul banco degli imputati, accusato di "***gross indecency***", gravi atti osceni.

Riconosciuto colpevole, venne rimesso in libertà, ma sotto la stretta sorveglianza di un funzionario di polizia e condannato a subire un trattamento a base di ormoni che lo resero impotente.

Alan Turing Morì suicida a Manchester a 41 anni. L'8 giugno del 1954 fu ritrovato morto nella sua stanza, avvelenato da una mela intrisa di cianuro, proprio come il personaggio di Biancaneve e i sette nani di Walt Disney, di cui spesso, mentre lavorava sulle sue macchine, canticchiava la melodia.

"Metti, metti la mela nell'intruglio, Che s'imbeva del sonno della morte".

Tragica profezia della sua fine, che è ancora oggi un enigma irrisolto.

Vi sono voci secondo cui la "***Apple***", guidata da Steve Jobs, anni dopo, adottò come simbolo una mela morsicata proprio in onore di Turing,

ma a quanto pare la cosa fu poi smentita direttamente dall'azienda.
Nel 2012 è stato celebrato l'anno del centenario della nascita di Alan Turing e tra le varie iniziative legate all'avvenimento c'è da segnalare anche un film, "***The imitation game***", che ne racconta la storia.

Ma come è nato il software, o meglio quale è stata l'esigenza che ha portato alla sua creazione?

Facciamo un piccolo salto indietro e torniamo con la mente al tempo dell'Eniac. In quel contesto accadeva che il gruppo di ricercatori che lo avevano costruito, era anche quello che lo utilizzava, in un ambito simile, tutti sapevano esattamente cosa fare per farlo funzionare e nessuno avvertì la necessità di avere un'interfaccia che permettesse un approccio più semplice alla programmazione.
Il problema si manifestò qualche anno più tardi, quando i computer cominciarono ad essere venduti e quindi, per forza di cose sarebbero stati utilizzati da persone differenti rispetto ai loro costruttori.
Questa fu la prima spinta alla creazione di programmi, che rendessero possibile l'utilizzo del calcolatore in ambiti differenti.
In questo periodo nacquero quelli che vennero definiti i "***linguaggi di programmazione***", tra questi, alcuni sono degni di menzione.

Per parlarvi di uno di questi linguaggi prendo spunto dalla mia gioventù; Verso la fine degli anni 80, sono stato anch'io, un entusiasta possessore del "***Commodore '64***" (La famosissima consolle per videogiochi), tra le cose che ricordo di quel periodo, oltre naturalmente al tempo trascorso a giocare, sono le ore passate insieme ai miei amici storici a "***fracassarci il cervello***", con il solo scopo di scrivere qualche riga di programma nel cosiddetto "***linguaggio macchina***" (per non parlare di tutte le paghette lasciate in edicola per accaparrarsi le riviste del settore, che ai tempi erano l'unico modo per apprendere delle informazioni).
Quando uso l'espressione impropria "fracassarci il cervello" vi posso assicurare che sono andato molto vicino alla situazione reale, le istruzioni in linguaggio macchina in genere sono sequenze binarie, o esadecimali.
Tanto per darvi un'idea, una tipica istruzione in linguaggio macchina, nel caso in cui ad esempio volessimo rappresentare le cifre da "0" a "9", può essere rappresentata dalle seguenti sequenze:

"11101011011110011010010101" nel caso si utilizzi un sistema binario, oppure da stringhe tipo "75BCD15" nel caso si tratti di sistema esadecimale.

Se provate ad immaginarvi schermate piene di stringhe come queste, potrete dare un senso all'espressione impropria che poc'anzi ho utilizzato.

Il linguaggio macchina può venire classificato come linguaggio di programmazione, anche se quest'ultima espressione viene comunemente usata per indicare i linguaggi di "***alto livello***" che richiedono poi una traduzione in linguaggio macchina, per mezzo di un compilatore.

Più propriamente, il linguaggio macchina è quell'insieme di istruzioni fondamentali, che un processore è in grado di capire direttamente, in cui i codici dei programmi da eseguire non hanno bisogno di essere tradotti.

È in questo contesto che si aggira l'Assembly (linguaggio assemblatore) è un linguaggio di "***basso livello***", quello in assoluto più simile al linguaggio macchina vero e proprio.

A causa di questa "***vicinanza***" all'hardware, non esiste un unico linguaggio. Al contrario, ogni CPU o famiglia di CPU ha un suo proprio assembly, diverso dagli altri.

All'inizio dell'era dell'informatica, le prestazioni dei calcolatori erano ancora tali da impiegare diverse ore per l'elaborazione dei dati. Si preferiva quindi scrivere nel linguaggio che fosse il più possibile vicino al computer che non all'uomo. In questo modo, il computer era "*contento*", "*capiva*", ed eseguiva alla massima velocità, anche qualche centinaio di volte più in fretta che con qualsiasi altro linguaggio di livello superiore. Chi ne faceva le spese era purtroppo il programmatore, costretto a scrivere milioni di righe di codice numerico.

Oltre all'Assembly, l'altro linguaggio che non può mancare in questa lista è senza dubbio il Fortran, di cui vi ho già parlato, nato a partire dal 1954 da un gruppo di lavoro guidato da John Backus un programmatore di IBM.

Accanto al Fortran, c'è anche il Cobol.

Cobol è l'acronimo di "***Common Business-Oriented Language***", ossia, letteralmente, "*linguaggio comune orientato alle applicazioni commerciali*".

Progettato nel 1959, nacque ufficialmente nel 1961, grazie ad un gruppo di lavoro composto da membri dell'industria americana e da alcune agenzie governative degli Stati Uniti, con lo scopo di creare un linguaggio di programmazione adatto all'elaborazione di dati commerciali.

Figura 35 La prima relazione sul COBOL, il primo linguaggio di programmazione progettato per essere eseguito su tutti i computer

Dagli anni Sessanta a oggi, il Cobol ha subito continue evoluzioni e negli anni 1968, 1974 e 1985 l'American National Standards Institute (ANSI) ne ha definito gli standard.
Il Cobol, oggi, ben lungi dall'essere un "vecchietto", è un software di grande vitalità e diffusione, è alla base del 70% di tutte le transazioni aziendali; lo troviamo ovunque, dalle applicazioni ATM (Automatic Teller machine o, detto in termini più semplici, nei nostri "bancomat").
In Cobol è scritto il 75% delle applicazioni business nel mondo.
Basta fare una veloce ricerca sul web per rendersi conto di quanto la figura di programmatore Cobol sia ancora abbondantemente ricercata.
Ultimo ma non ultimo in questa lista è sicuramente il "*Basic*".
Basic è un acronimo e sta per "***Beginner's All-purpose Symbolic Instruction Code***" (in italiano, "Codice simbolico per principianti per ogni applicazione").
Come suggerisce il nome, è caratterizzato da una sintassi semplice e molto simile al linguaggio naturale. Basic venne ideato nel

1964 e fu un linguaggio di programmazione ad alto livello, adatto ad ogni scopo ("*general-purpose*").
La gran parte degli studenti del **Dartmouth College**, università dove venne ideato e sviluppato, erano iscritti a facoltà umanistiche: era quindi indispensabile che potesse essere utilizzato anche da neofiti della materia.

Il decennio tra il 1955 e il 1965, fu caratterizzato dall'invenzione dei transistor, essi andarono sistematicamente a sostituire le valvole e resero gli elaboratori abbastanza affidabili da poter essere costruiti e venduti in serie. Si entrava in quella che venne definita la "***seconda generazione***" dei computer.

Figura 36 Alcuni modelli di transistor

Le macchine cominciarono ad essere notevolmente più piccole di quelle utilizzate in precedenza e questo spinse gli uomini del marketing di quel periodo a scomodare il termine "***minicomputer***".
Non dobbiamo però dimenticare che si tratta comunque di macchine grandi e costosissime, tanto che gli unici acquirenti possibili erano i centri di calcolo, le università e le banche. Per eseguire un programma, questo doveva essere prima scritto su carta, in seguito doveva essere trasferito su schede e caricato nel computer, solo al termine di una lunga esecuzione, si aveva la stampa del risultato. Tale operazione era molto dispendiosa in termini di tempo e non permetteva di sfruttare la mac- china durante le lunghe fasi di caricamento di dati e programmi. Per ovviare a questo problema si pensò di impiegare più macchine contem- poraneamente, in modo da dividere il lavoro: una macchina caricava il programma, una eseguiva il calcolo e infine una terza stampava i risultati. In questo contesto cominciò a farsi strada l'idea di costruire dei pro- grammi in grado di gestire questo tipo di struttura che cominciava ad essere davvero complessa.

Assistiamo in questo periodo alla nascita del primo "*Sistema Operativo*".

Figura 37: Il Massachusetts Institute of Technology è una delle più importanti università di ricerca del mondo, con sede a Cambridge.

Era il 1961, quando il **M.I.T.** (Massachusets Institute of Tech- nology), il laboratorio di Intelligenza Artificiale, definito da molti la comunità-baluardo degli hacker, presentò "***CTSS***", acronimo di *Compatible Time-Sharing System*.

Quel sistema operativo venne utilizzato per la gestione dei calcolatori IBM ed è rimasto in uso fino al 1973. Già, lo so che adesso avete in testa una domanda, e d'altra parte abbiamo appena introdotto un termine nuovo...

"*Cos'è un sistema operativo?*"

Bene, cominciamo col dire che il ***Sistema Operativo***, spesso abbreviato con le iniziali "***S.O.***", oppure "***O.S.***" (se vogliamo dirla all'inglese...) è un software, o più propriamente un insieme di software. Per non farvela troppo leggera, (perché se no dov'è il diverti- mento?) prendo il solito manuale e vi scrivo la definizione "ufficiale" ...

"Un sistema operativo costituisce l'interfaccia tra utente e hardware, permette all'utente l'utilizzo dell'elaboratore tramite il linguaggio di controllo; stabilisce le modalità di funzionamento; consente l'ottimizzazione delle risorse disponibili; dove per risorse si intendono tutte le componenti hardware e software: CPU, memoria, periferiche, informazioni".

Insomma, il sistema operativo è quel programma che viene eseguito non appena viene acceso un computer e ne gestisce ogni singola parte. Tra gli ardui compiti che un sistema operativo è chiamato a svolgere c'è quello di gestire il caricamento dei dati, interpretare i co- mandi contenuti nei dati caricati, controllare l'esecuzione di tutti i programmi di calcolo e pilotare i vari hardware addizionali che man mano vengono prodotti.

In quegli anni, in pochissimi mesi vennero sistematicamente introdotti, lettori di schede, stampanti e nastri magnetici che divennero di uso comune. Ciascun nuovo dispositivo **I/O** (dove "I" sta per "Input" cioè "ingresso" e "O" sta per "Output" cioè "uscita"), aveva delle caratteristiche particolari, che richiedevano una programmazione accurata.

Per sbrigare questo lavoro, a livello software, venne creata una *"sottoroutine"* speciale, chiamata *"driver della periferica"*, che doveva essere creata per ciascun nuovo dispositivo. Il driver di una periferica conosce il modo in cui utilizzare ogni particolare dispositivo; ogni dispositivo ha quindi il proprio driver (cosa assolutamente ancora valida, anche per i dispositivi moderni).

Giusto per chiarirci le idee con dei concetti più familiari, quando parlo di **Windows** (nelle sue svariate edizioni, da '95 a Windows 10, passando per il mai dimenticato Windows XP fino ai più moderni windows 7, 10 e 11), sto parlando proprio di sistema operativo.

Quando ho pronunciato la parola Windows, ho avuto immediatamente la sensazione di vedere un leggero rilassamento nel viso di voi temerari che avete resistito nella lettura di queste pagine. Sono certo che, se anche qualcuno di voi lettori non ha mai acceso un computer, abbia sentito parlare di windows almeno un milione di volte.

In generale, tutto ciò che è software, viene diviso in due grosse categorie; *"sistema operativo"* (appunto), e *"software applicativo"*. Se dopo tale spiegazione, il concetto di Sistema Operativo, comincia (forse) a suonare più familiare, *cos'è allora il Software Applicativo?* Riducendo un po' il concetto all'osso, possiamo affermare che esso rap- presenta tutto ciò che non viene fatto direttamente dal software di sistema.

Ad esempio, se il sistema operativo non mi fornisce un software per fare dei calcoli ed io ne installo uno, questo si chiamerà *"software applicativo"*.

Ma andiamo con ordine, perché quella dei sistemi operativi è una lunga storia fatta di tante vicende che a volte viaggiano parallele come i binari di un treno, mentre altre volte si intrecciano voluttuosamente come la lana nei gomitoli.

All'inizio degli anni 60 si cominciò a pensare a sistemi in grado di semplificare l'utilizzo degli elaboratori.

In quegli anni, un programmatore che avesse voluto comandare ad esempio una stampante, avrebbe do- vuto conoscere nei minimi dettagli il funzionamento della periferica (certo, c'è da dire che quando parlo di periferica, parlo di un com- ponente esterno del computer che esegue determinati compiti, ad esempio quello di stampare).

Per ovviare a questo problema venne introdotto il concetto di *"periferica virtuale"*. Il sistema operativo avrebbe fatto da intermediario tra utente e periferica. Si cominciarono così a muovere i primi passi verso un'informatica *"di consumo"*, destinata, in futuro, a raggiungere anche utenti non specializzati.

Nell'aprile del 1964 IBM presentò una famiglia di computer chiamata **Ibm System/360**: una serie di calcolatori che andavano da piccole macchine a grandi mainframe.

Per la prima volta, su queste macchine venne introdotta la multi-programmazione: quando un processo è in attesa perché sta facendo un'operazione, la CPU viene assegnata temporaneamente ad un altro processo, in modo da evitare i tempi morti.

Inoltre, con l'introduzione degli **hard disk** (dischi magnetici in grado di memorizzare i dati in modo da averli sempre disponibili), nacque anche una tecnica chiamata **spooling** (Simultaneous Peripheral Operation On Line).

Si tratta in sostanza di un'evoluzione della tecnica che consisteva nel caricare i programmi dalle schede perforate al nastro magnetico. Nel caso dello spooling, mentre un processo è in esecuzione, il computer legge il programma successivo da un lettore di schede e lo carica in una specifica area del disco.

I computer IBM, pur avendo lo stesso sistema operativo, (l' Os/360) erano molto diversi tra loro e soprattutto erano destinati ai più svariati ambiti operativi. Si andava con facilità, dal computer impiegato in ambito scientifico a quello strettamente commerciale. Tale diversità di applicazioni generò un problema legato alla scrittura dei programmi. Diventava difficile infatti, se non impossibile, scrivere software in un linguaggio che rispettasse tutti i requisiti delle varie macchine, le cui applicazioni spesso erano in conflitto.

Il risultato fu un sistema operativo enorme e molto complesso, scritto da migliaia di programmatori e che conteneva centinaia di errori, che resero necessarie diverse revisioni. Purtroppo, ogni nuova versione correggeva alcuni problemi, ma ne introduceva degli altri.

Per tentare di porre rimedio a questo disguido, si produssero sistemi operativi che permettevano la multiprogrammazione, cioè la possibilità di avere sulla macchina diversi programmi in esecuzione.

La possibilità di avere più risorse disponibili non fu in grado però di agevolare lo sviluppo dei programmi, il tempo che intercorreva tra il caricamento dei programmi e la disponibilità dei risultati era spesso di alcune ore, per cui, anche il più piccolo errore, poteva far perdere al programmatore intere giornate di lavoro.

Negli anni'70 vennero creati i primi sistemi time-sharing, nati per poter avere molti utenti che lavoravano contemporaneamente sullo stesso computer. Uno dei primi sistemi time-sharing fu Multics, dal quale derivò poi Unix.

GRACE MURRAY HOPPER – LA REGINA DELL'INFORMATICA

Grace Murray Hopper, figura poliedrica statunitense (1906 - 1992), si distinse nel campo della matematica, dell'informatica e dell'ambito militare. Oltre a essere una brillante matematica e programmatrice, Grace Murray Hopper raggiunse il grado di *ammiraglio nella Marina degli Stati Uniti*. Oggi è universalmente riconosciuta come una delle figure chiave nella storia dell'informatica.

Figura 38 Grace Murray Hopper Conosciuta come la "Regina dell'informatica"

Nel 1969, l'Associazione Americana dei Professionisti dell'Informatica le conferì il titolo di ***"Uomo dell'Anno"***, un riconoscimento che, inizialmente, non era nemmeno previsto per le donne.

Il suo contributo ha notevolmente influenzato il panorama scientifico e tecnologico che ha plasmato la nostra società sin dal secondo dopoguerra.

Fin da giovane, Grace mostrò una naturale predisposizione per la matematica e una profonda curiosità scientifica. Nonostante un contesto in cui lo studio matematico era considerato fuori luogo per le donne, suo padre le concesse le stesse opportunità riservate a un figlio maschio.

All'età di 17 anni, Grace entrò al **Vassar College**, un prestigioso istituto femminile, dove si laureò in matematica e fisica nel 1928. Proseguì poi con la specializzazione in matematica presso la **Yale University,** conseguendo il dottorato (Ph.D.) nella stessa disciplina nel 1934. Durante il decennio successivo, insegnò matematica al **Vassar**

College e nel 1941 divenne professore associato.
Tuttavia, la Seconda Guerra Mondiale segnò una svolta cruciale nella vita e nella carriera di Grace. Nel 1943, lasciò il college per unirsi come volontaria alle **WAVES**, una divisione della **Marina degli Stati Uniti** aperta esclusivamente alle donne.
Nonostante avesse 37 anni e un peso di appena 47 chili, Grace ottenne una deroga per entrare. Si distinse nel corso di addestramento e nel 1944 fu assegnata al **Bureau of Ships Computation Project** presso la **Harvard University**, dove contribuì come programmatrice allo sviluppo *dell'***Harvard Mark I**, il primo calcolatore digitale automatico della storia.
L'Harvard Mark I, un'enorme macchina composta da oltre 750.000 parti meccaniche e centinaia di chilometri di cavi, rappresentò una realizzazione significativa e funzionava attraverso schede perforate contenenti istruzioni in linguaggio macchina.
Dopo la guerra, Grace Hopper rifiutò una cattedra da professore ordinario e decise di continuare la sua ricerca per la Marina. Nel 1947, mentre testava il nuovo calcolatore **Mark II**, un insetto si intrufolò e bloccò il funzionamento. Questo evento fu il ***primo "bug" informatico registrato***, e Grace risolse il problema fisicamente rimuovendo la falena dal relè.
Un passo cruciale avvenne nel 1952, quando Grace Hopper creò il sistema **A-0**, il primo compilatore della storia. Questo programma traduceva le istruzioni scritte nel linguaggio di programmazione *"codice sorgente"* in un altro linguaggio chiamato *"codice macchina"*. Successivamente, sviluppò il linguaggio **FLOW-MATIC**, che rappresentò la base per il COBOL, un linguaggio di programmazione per l'elaborazione dati commerciali.

Conosciuta come la "***Regina dell'informatica***" e la "***Grande Signora del Software***", Grace Hopper era celebre per la sua irriverenza e la sua abilità di pensare fuori dagli schemi. Era anche una straordinaria divulgatrice scientifica, e soleva utilizzare cavi di 30 centimetri per illustrare visivamente la misura di un nanosecondo, mettendo così in evidenza l'importanza della velocità nei computer e nelle comunicazioni.
Nel 2015 è stato pubblicato il documentario "***The Queen of Code***", che narra la straordinaria storia di questa donna pioniere della tecnologia.

L'ERA DEI SEMICONDUTTORI

Uno dei personaggi interessanti nella storia dell'informatica, ma anche e soprattutto nella storia dei microprocessori, fu senza dubbio **Gordon Moore**.

Figura 39 Gordon Moore, all'epoca a capo del settore R&D della Fairchild Semiconductor e che divenne cofondatore di Intel

Nato a San Francisco, studiò chimica e fisica presso l'Università della *California, Berkeley*. Nel 1956 iniziò come ricercatore presso la compagnia californiana Shockley Semiconductor. Evidentemente aveva trovato la sua strada, tanto che in dieci anni divenne un vero e proprio *"visionario"* nel mondo dei semiconduttori. Nel 1957 lasciò l'azienda, portando con sé altri 7 colleghi, per fondare un'altra compagnia, la **Fairchild Semiconductor**, dove lavorò per undici anni, fino al 1998, quando con un suo collega, Robert Noyce, fondò una nuova azienda a cui diede il nome di *"Intel"*. Nel 1965 enunciò la sua più sensazionale scoperta, che prese il nome di **Legge di Moore**.

Tale formulazione, almeno all'inizio, più che una legge vera e propria, fu un'osservazione empirica. Egli, analizzando con attenzione i dati sulla produzione degli integrati, formulò che:
"Le prestazioni dei processori, e il numero di transistor ad esso relativi, raddoppiano ogni 18 mesi."
Scrisse un articolo su una rivista specializzata, nel quale illustrava come nel periodo 1959-1965, il numero di componenti elettronici (ad

esempio i transistor) che formano un chip, sarebbe raddoppiato ogni anno.

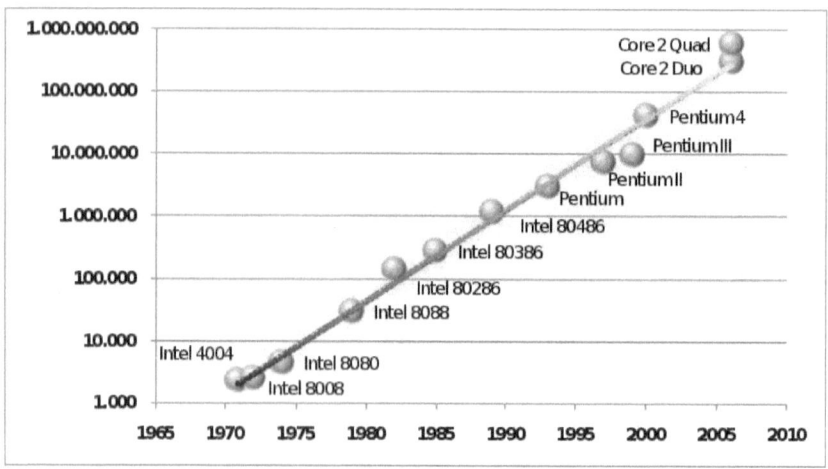

Figura 40 : Grafico che rappresenta l'evoluzione dei processori Intel, nel pieno rispetto della "Legge di Moore" dal primo processore il 4004, fino all'anno 2010

La sua ipotesi si rivelò corretta anche se la "*legge*" venne ritoccata nel 1975, allungando a due anni il periodo. Tale legge, rimarrà valida per tutti gli anni Ottanta.
Negli anni Novanta venne nuovamente riformulato il periodo e portato a 18 mesi, da allora la legge assunse la sua forma definitiva. Questa legge divenne il metro e l'obiettivo di tutte le aziende che operano nel settore.

Un esempio pratico è il seguente: nel maggio del 1997, Intel lanciò il processore **Pentium 2**, con le seguenti caratteristiche: Frequenza: 300 MHz Numero di transistor: 7,5 milioni.
Dopo tre anni e mezzo, ovvero nel novembre del 2000, Intel mise in vendita il **Pentium 4**, con le seguenti caratteristiche: Frequenza: 1,5 GHz Numero di transistor: 42 milioni.
Come si può vedere, in 42 mesi le prestazioni dei processori sono circa quintuplicate, proprio come prevedeva la legge.

La seconda legge descritta da Moore citava: "**Sarebbe molto più economico costruire sistemi su larga scala a partire da funzioni minori, interconnesse separatamente. La disponibilità di varie** *applicazioni, unita al design e alle modalità di realizzazione, consentirebbe alle società di gestire la produzione più rapidamente e a costi minori."*

Grazie alle sue supposizioni poi diventate leggi (**conosciute come prima e seconda legge di Moore**), egli è stato tra coloro che hanno dato il via alla corsa dell'evoluzione dei processori.

Già, ma a cosa mi riferisco esattamente quando dico che all'interno di un processore come il Pentium 4 ci sono *quarantadue milioni di transistor*? Sono numeri esorbitanti, soprattutto se pensiamo a quanto è già piccolo un processore.

Ma cosa sono i microprocessori? E come vengono costruiti? Vi sembrerà strano, ma per spiegarlo partiremo dalla sabbia!

Sì, avete capito bene, partiamo proprio dalla sabbia, quell'insieme scintillante di sassolini finissimi con cui mille volte da bambini (e non solo), abbiamo costruito splendidi castelli, o sulla quale ci siamo spesso fatti arrostire dal sole, proprio come capita a certi turisti che vengono a trascorrere le vacanze nei laghi qua vicino. Più propriamente, a chi costruisce circuiti integrati, interessa solo una parte di sabbia, quel venticinque per cento, che è chiamata "**silicio**".
Bene, preparatevi, perché se fino ad ora abbiamo viaggiato "**a zonzo**" nella storia, adesso vi propongo una "**visita guidata**" in uno dei grandi stabilimenti dove si producono i semiconduttori. Volete immaginare (ma solo immaginare!) che questa azienda sia Intel? Proprio perché essendo la marca di processori più famosa, vi viene più semplice figurarvi questa visita guidata virtuale? E va bene, Intel sia..., con la speranza di non infrangere qualche segreto industriale!

Figura 41 Cristalli di Silicio (Ingot) prima e dopo il taglio con il quale vengono prodotti i dischi (Wafer) - Foto - www.svmi.com

Uno dei processi necessari per arrivare al prodotto finito è senza dubbio quello in cui si separe il silicio dalla sabbia.

Tale processo deve essere altamente preciso, pensate che la tolleranza ammessa è di un atomo su un milione.
Una volta fuso il silicio, si ottiene un cristallo che prende il nome di ***"ingot"***. Vengono prodotti cristalli che possono raggiungere il peso di 100 Kg e che hanno un livello di purezza del 99.9999%.
Possono essere alti fino a un metro e mezzo e ne esistono di diverso diametro. L'ingot viene tagliato a fette, che prendono il nome di ***"Wafer"***, (proprio come i deliziosi biscotti al cioccolato!).

Figura 42 "Wafer" dopo il drogaggio, pronto per il taglio in singole unità "die" (foto - www.techpowerup.com)

I wafer vengono puliti da ogni impurità, rivestiti con un sottilissimo strato di un liquido fotoresistente di colore blu, (sono certo che il fatto che sia di colore blu vi aiuti a meglio focalizzare tutto il processo...) e vengono esposti a una potente emissione di raggi ultravioletti (UV).

La reazione chimica generata dalle lampade UV è più o meno simile a quella che subisce una pellicola quando si scatta una fotografia.
L'esposizione viene fatta mediante una sorta di mascherina, grazie alla quale è possibile dare al silicio forme precise, un po' come succede quando si producono i circuiti stampati sulle basette di rame.
Il processo viene ripetuto su diversi strati, dopodiché il semiconduttore viene sottoposto a un'altra lavorazione detta **"*drogaggio*"**, che, in termini semplici, consiste nel bombardare di ioni le parti esposte del wafer.
In questo modo gli ioni vengono letteralmente **"*sparati*"** nel silicio a velocità elevatissime, grazie alla spinta di un campo elettrico; parliamo di velocità che si aggirano intorno ai ***trecentomila chilometri orari***.

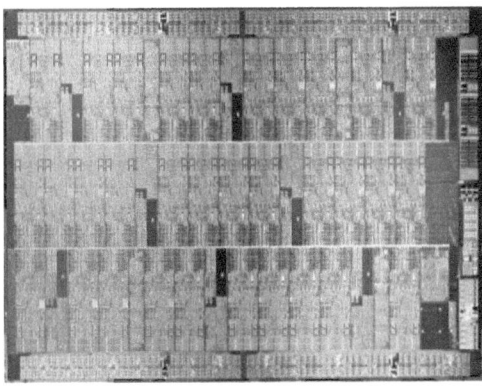

Figura 43 : Il "die" (CPU) tagliato e ingrandito, nella foto è visibile la fitta circuiteria disposta su 20 strati. (foto www.extremetech.com)

Gli ioni vengono in questo modo impiantati nel silicio, alterandone le proprietà elettriche, generalmente aumentando la conducibilità del semiconduttore.

Finito il processo di *ionizzazione*, il wafer viene immerso in una soluzione di solfato di rame, grazie alla quale gli ioni di rame si depositano sui transistor (un processo simile a quello che avviene per la placcatura dei metalli).
Il rame consente la creazione del circuito che porterà i segnali da un transistor all'altro. Il modo in cui si creano questi collegamenti dipende dall'architettura e dal progetto della CPU.
In generale, ad esempio, i chip per computer che a noi possono sembrare molto sottili, possono avere più di venti strati di circuiti.

Una volta che le prove hanno stabilito la buona qualità dei processori, il wafer viene tagliato in singole unità, chiamate ***"die"***.

Successivamente il die viene inserito nel suo alloggio finale e unito al dissipatore argentato che si interfaccia con i sistemi di raffreddamento, usati per mantenere la CPU fresca quando è in funzione.

Ognuno dei transistor all'interno di una CPU, sostanzialmente funziona come un interruttore, capace di controllare la corrente elettrica al suo interno.

Oggi vengono sviluppati ed immessi sul mercato transistor così piccoli che è possibile farne stare la bellezza di trenta milioni sulla capocchia di uno spillo, e addirittura si è già arrivati a costruire e mettere in funzione i cosiddetti ***"processori quantici"***, i cui transistor sono grandi come un atomo (la più piccola unità di cui è composta la materia).

Tanto per continuare l'esempio che abbiamo espresso poco fa, per riempire di atomi una capocchia di spillo, dovremmo utilizzarne all'incirca sessanta miliardi.

L'INVENTORE DEL MOUSE

Il brevetto numero 3,541,541, presentato nel 1967 e registrato nel 1970, definiva una tecnologia per *"il controllo con la mano di un indicatore di posizione su una qualsiasi superficie che gestisse un cursore su uno schermo a tubo catodico"*.

La definizione originale, riletta oggi, mostra quanto fosse complicato soltanto trovare le parole giuste per spiegare ciò che **Douglas Engelbart** e i suoi colleghi avevano concepito.
Ma andiamo per gradi e proviamo a capire meglio chi era Douglas Engelbart.

Figura 44 Douglas Carl Engelbart (Portland, 30 gennaio 1925 – Atherton, 2 luglio 2013) - foto https://tribute2doug.wordpress.com/

Nato a Portland da una famiglia di origine scandinava, dopo la Seconda Guerra Mondiale si laurea in **Ingegneria Elettronica**. Decise poi di proseguire con una specializzazione e un **PhD a Berkeley**.
Nel 1957 Engelbart venne assunto allo **Stanford Research Institute** a Menlo Park in California e divenne responsabile dell'**Arc**, (Augmentation Research Center), un laboratorio che presenterà 21 brevetti che porteranno il suo nome.

Sarebbe profondamente ingiusto ricordare Engelbart solo come l'inventore del mouse. Come ogni geniale visionario che abbiamo affrontato in questo libro, egli mise le basi per tantissimi progetti, come lo *sviluppo degli ipertesti*, *le reti di computer* e le *interfacce grafiche*.

Come spesso è accaduto nella storia, tutte queste conquiste, tutte queste intuizioni, furono troppo avanzate per il periodo storico, tanto che all'inizio degli anni Sessanta sembravano pura utopia.

In un'intervista rilasciata da Engelbart nel 1987, raccontò che l'ispirazione per la creazione di quello che molti anni dopo sarà chiamato *"mouse"* (e nessuno sa con certezza la ragione di questo nome), arrivò osservando un planimetro, uno strumento utilizzato dagli ingegneri per misurare le aree geometriche irregolari.

Il primo prototipo era costruito in legno, aveva tre tasti e regolava il movimento del cursore attraverso due ruote perpendicolari; solo dopo anni si sostituirono le ruote con una sfera.
Il valore del lavoro di Engelbart e soci è tutto in una presentazione del 9 dicembre del 1968, che ormai è passata alla storia come la **madre di tutte le demo**.

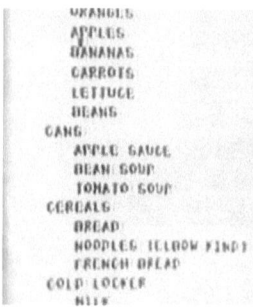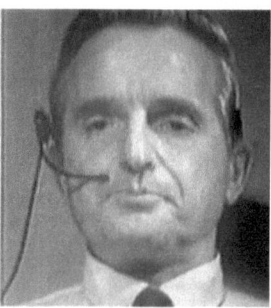

Figura 45 : Douglas Engelbart durante la dimostrazione multimediale

In 90 minuti, Engelbart, *in collegamento con i suoi laboratori grazie a un modem rudimentale*, presentò l'ABC dell'informatica moderna. Una **dimostrazione multimediale pubblica**, forse la prima della storia, che presagiva molte delle tecnologie che usiamo oggi: dal personal computing al social networking.

Questo è stato il debutto mondiale del mouse per computer, utilizzato per dimostrare un sistema di office computing interconnesso con collegamenti ipertestuali integrati, composizione collaborativa, finestre multiple con controllo flessibile della vista, gestione della conoscenza, teleconferenza e altro.

Ancora oggi è possibile seguire lo speech suddiviso in 10 video su Youtube con il titolo: ***"Engelbart and the Dawn of Interactive Computing: SRI's 1968 Demo (Highlights)".***

IL PADRE DEI MICROPROCESSORI

La nascita del microprocessore, così come lo conosciamo oggi all'interno dei nostri computer, la dobbiamo a **Federico Faggin**, un fisico italiano naturalizzato statunitense.

Figura 46 Federico Faggin in una foto storica, mentre mostra uno dei suoi microprocessori

Federico Faggin nacque a Vicenza il 1° dicembre 1941 e nel 1960 conseguì il diploma di perito industriale specializzandosi in radiotecnica, all'Istituto **Tecnico Industriale di Vicenza**. Iniziò subito ad occuparsi di calcolatori presso la **Olivetti** di Borgolombardo, che all'epoca era tra le industrie all'avanguardia nel settore, contribuendo alla progettazione ed infine dirigendo il progetto di un piccolo computer elettronico digitale a transistor con 4K per 12 bit di memoria magnetica. Si laureò in fisica con lode nel 1965 **all'Università di Padova**, dove venne nominato assistente incaricato.

Nel 1967 venne assunto alla **SGS-Fairchild** (che poi divenne STMicroelectronics) ad Agrate Brianza, dove sviluppò la prima tecnologia di processo per la *fabbricazione di circuiti integrati MOS* (metallo-ossido-semiconduttore) e progettò i primi due circuiti integrati commerciali MOS.
La SGS-Fairchild inviò Faggin presso la sua consociata Fairchild Semiconductor, azienda leader del settore dei semiconduttori a **Palo Alto in California**, dove ebbe la possibilità di continuare il suo lavoro sulla tecnologia MOS, e sullo sviluppo della tecnica della *"porta al silicio"* (silicon gate) usando come conduttore silicio drogato anziché alluminio.

La vicenda che qui ci interessa ha però inizio quando Faggin lasciò la Fairchild per entrare a far parte di un'altra società operante nella Silicon Valley, la **Intel**.

All'epoca, Intel era una piccola società con un grande asso nella manica, le "*memorie a semiconduttore*", le cui vendite andavano benissimo e ne garantivano il fatturato, in quanto esse andavano sistematicamente a sostituire i tradizionali anellini di ferrite.

Prima delle memorie prodotte da Intel, si utilizzavano minuscoli anelli di ferrite. Ad ogni bit di memoria corrispondeva un anello di materiale ferromagnetico, che veniva magnetizzato in un verso o in quello opposto.

La rivoluzione rappresentata dalle memorie Intel fu evidente da subito e generò un grande volume di vendite.

Faggin entrò in azienda in un periodo molto particolare. Nel 1969 Intel aveva ricevuto l'incarico dall'azienda giapponese **Busicom**, di realizzare i chip necessari per costruire una *macchina calcolatrice programmabile*.

Il progetto, in mano ad un ingegnere ed un programmatore, rimase a lungo senza sviluppi, tanto che la stessa Busicom fu ad un passo dal rescindere il contratto. Questo settore era considerato dai vertici di Intel, assolutamente secondario rispetto al business delle memorie; per questo motivo, la direzione del progetto venne allora affidata al giovane e neoassunto Faggin, probabilmente perché la sua inesperienza avrebbe funzionato bene come capro espiatorio, di fronte alla ormai quasi inevitabile perdita del progetto.

Il fisico italiano però non perse tempo, ed avviò subito la progettazione dei chip, integrando la tecnologia MOS, di cui egli era ormai un vero esperto.

Vennero creati quattro moduli, che poi saranno denominati con le sigle da **4001** a **4004**; i primi tre erano dispositivi di memoria (*ROM, RAM e registri*) relativamente standard; il quarto, denominato 4004, costituiva una unità centrale di elaborazione (*CPU*) completa di tutte le sue parti, per la prima volta realizzata nella forma di un unico integrato.

Figura 47 I primi microprocessori progettati da Federico Faggin, Nell'ordine da sx, 4001, 4004

L'idea del *"computer on a chip"*, cioè realizzare tutte le parti essenziali di un calcolatore in un'unica lastra di silicio, era già nell'aria da qualche tempo, ma fino ad allora non era mai stata realizzata.
Faggin riuscì a centrare l'obiettivo, lavorando (racconterà poi in un'intervista), tra le dodici e le quattordici ore al giorno per diversi mesi consecutivi, apportando contributi fortemente innovativi sia a livello di ingegnerizzazione dei circuiti, sia sulla tecnologia degli integrati.

Egli, in pratica, progettò sia la logica del sistema che i circuiti.
Disegnò i quattro integrati e costruì anche gli apparati di prova necessari per i test. La consegna del prodotto al committente avvenne nel febbraio 1971.
Il modulo 4004, che sarà poi battezzato *"microprocessore"*, impiegava 2300 transistor MOS, contro le decine di milioni usati nei microprocessori moderni, occupava un'area di 3x4 millimetri quadrati e su di esso si dice che Faggin fece imprimere la sigla "**FF**", le sue iniziali. **Quel chip era in grado di offrire una potenza di calcolo comparabile a quella dell'Einac.**

Una curiosità che vale la pena di menzionare è che il 4004 venne montato negli apparati di bordo della sonda spaziale **Pioneer 10**, lanciata nel febbraio 1972 e fu il primo microprocessore ad allontanarsi dalla Terra fino a raggiungere la fascia degli asteroidi, più lontano di Marte.

Negli anni successivi, Faggin seguì come supervisore lo sviluppo di altre due CPU. Questi dispositivi, denominati **8008** e **8080** a 8 bit, sono stati i progenitori della *"famiglia"* dei microprocessori oggi più utilizzati, e che hanno condotto Intel al successo.

Come molti geni del settore, anche Faggin ebbe una chiara visione delle prospettive del microprocessore.

Egli prospettò l'utilizzo di questa tecnologia anche al di fuori delle macchine da calcolo, intendendolo come un dispositivo programmabile per differenti apparati di controllo e con potenzialità d'impiego molto vaste.

Questa sua teoria, inizialmente non venne condivisa dagli altri dirigenti di Intel, ma si verificò esatta quando egli trasformò i quattro chip sviluppati per la società Busicom in *un chip set di impiego generale* (che venne battezzato **MCS-4**), che poteva essere utilizzato per il controllo di altri apparecchi. Il successo commerciale delle sue teorie convinse e fu determinante nella strategia commerciale di Intel.

Una nota storica ci riporta che ufficialmente, la paternità del microprocessore non venne attribuita a Faggin, ma a **Tef Hoff**, l'assegnatario originale del progetto per la Busicom; solo diversi anni dopo, venne riconosciuto il valore del lavoro del fisico italiano.
Nel frattempo, però, Faggin aveva già lasciato Intel, per fondare una sua azienda, la **Zilog**, dove venne sviluppato lo **"Z80"**.

Figura 48 Lo Zilog z80

Grazie a questo microprocessore, nel giro di due anni e mezzo la Zilog crebbe da 11 a 1300 impiegati, con uffici internazionali, una fabbrica in Silicon Valley e una in Asia. *Lo Z80 è ancora oggi fabbricato in grandi volumi, più di trent'anni dopo la sua introduzione sul mercato.*

Nel 1982, Faggin diede vita alla **Cygnet Technologies** e nel 1986 fondò la **Synaptics**, azienda che sviluppò i primi touchpad e touchscreen.

Attualmente, il fisico italiano ha gradualmente lasciato tutti i suoi impegni per dedicarsi ad un particolarissimo studio sulla "*consapevolezza*", teso a dimostrare in termini scientifici in che modo la consapevolezza umana sia legata alla realtà fisica. La consapevolezza permette all'essere umano di avere la percezione delle esperienze che sta vivendo e quindi di poterle rielaborare come dati autonomi, che andranno a loro volta ad arricchire ed ampliare il suo bagaglio esperienziale e mentale, aiutandolo in un certo senso ad evolvere continuamente e ad imparare dai propri errori.

In virtù di questa intuizione, Faggin ha deciso di far nascere una *fondazione no profit*, ormai attiva da alcuni anni, con l'obiettivo di comprendere più a fondo i meccanismi che permettono all'essere umano di comprendere e analizzare sé stesso in rapporto alle proprie esperienze, così da poter imparare costantemente. Questo studio è la base per aprire nuovi orizzonti sia per il futuro dell'informatica che per lo sviluppo dei microprocessori e dell'*intelligenza artificiale*.

In una cerimonia svoltasi nel Febbraio 2002, l'allora Ministro delle Comunicazioni **Maurizio Gasparri**, ha riconosciuto il ruolo del geniale ingegnere veneto, definendolo, tra l'altro, "***Un alfiere della genialità e del lavoro italiano nel mondo***". Tra i tantissimi riconoscimenti che Faggin ha ricevuto negli anni, sono da segnalare nel 1988 il **Premio Internazionale Marconi** per la realizzazione del microchip e nello stesso anno, la ***Medaglia d'oro per la Scienza e la Tecnologia*** da parte della Presidenza del Consiglio dei ministri. Nel 1994 a Faggin è anche stato riconosciuto il **W. Wallace McDowell Award dalla IEEE**.

Figura 49 Nel 2010 Faggin riceve da Barack Obama la Medaglia Nazionale per la Tecnologia e l'Innovazione, una tra le più alte onorificenze USA

Nel 2010 **Barack Obama** gli ha conferito la "*National Medal of Technology and Innovation*" in una cerimonia tenuta alla Casa Bianca. Durante la premiazione, Obama, consegnando la medaglia, disse: *"Lei ha davvero cambiato il mondo!"*, e la sua risposta fu *"pare di sì!"*.

In un interessante intervista su *Telema* di qualche tempo fa, Faggin ha spiegato di vedere così il futuro della ricerca tecnologica:

"Abbiamo appena parlato dell'importanza dei semiconduttori, ma immagino che l'impatto che essi oggi stanno avendo sullo sviluppo tecnologico si rivelerà infinitamente inferiore rispetto a quello che, in tempi più lunghi, avrà la biotecnologia. E' questo il settore del futuro, quello in cui si produrranno innovazioni oggi difficilmente quantificabili. Quando tra cinquant'anni ci si volgerà indietro a guardare il mezzo secolo trascorso, apparirà evidente che gran parte delle innovazioni delle quali l'umanità potrà beneficiare sarà connessa con la biologia. Gli scienziati avranno infatti finalmente imparato a controllare le singole molecole, trattandole come pezzi su una scacchiera, mentre per il momento la tecnologia è in grado di utilizzare soltanto insiemi di molecole".

Durante Smau 2011, intervistato da **Nicola Procaccio** (Communication and Media Relation Manager di Intel Italia e Svizzera), Faggin ha detto di vedere con molto interesse gli studi nel campo dei computer quantici, come frontiera futura per l'ulteriore sviluppo dei microprocessori e il superamento dei limiti imposti dalle attuali tecnologie basate su microcircuiti in silicio.

Oggi, nel 2023, possiamo dire con certezza che i computer quantici sono diventati realtà. Ma non abbiate fretta... ne parleremo a tempo debito.

SAN TOMMASO E IL COMPUTER

"Il computer può essere usato bene per il bene, può essere usato male per il bene e può essere usato bene anche per il male".

Così diceva padre Busa in un'intervista quando aveva 80 anni. Nato a Vicenza il 28 novembre 1913, venne ordinato sacerdote il 31 maggio 1940, solo dieci giorni prima dell'ingresso dell'Italia nella Seconda guerra mondiale.

Padre Roberto Busa era destinato a diventare un cappellano militare, ma il Provinciale lo scelse per il servizio culturale. Per tutta la durata della guerra rimase **all'Università Gregoriana**, dove fu assegnatario di una libera docenza. In questo periodo egli lavorava alla sua tesi di laurea sulla *"Dottrina della Presenza"* in *San Tommaso d'Aquino*.

Figura 50 Padre Roberto Busa (Vicenza, 28 novembre 1913 – Gallarate, 9 agosto 2011)

Quì egli ebbe l'idea che diede origine alla cosiddetta *"informatica umanistica"*, si mise in testa, (siamo nel 1949), di redigere l'indicizzazione di tutta l'opera di Tommaso d'Aquino ottenuta mettendo in collegamento i singoli frammenti del pensiero del filosofo allo scopo di confrontarli con altre fonti.

Tanto per dare un'idea della vastità dell'opera omnia di San Tommaso, eccovi un po' di dati: 1,5 milioni di righe, 9 milioni di parole (contro le appena 100.000 della Divina Commedia).
Aveva già compilato a mano 10.000 schede solo per inventariare la preposizione «in», che egli giudicava portante dal punto di vista filosofico. A fronte di questo lavoro enorme ebbe la sua originale idea, cioè quella di fare uso di un calcolatore per l'analisi di un testo.

Fino ad allora lo sviluppo del computer sembrava indirizzato esclusivamente al calcolo numerico ed erano impensabili applicazioni ad altri campi del sapere. In viaggio negli Stati Uniti, egli chiese udienza a **Thomas Watson**, fondatore dell'**IBM**.

Il vecchio magnate lo ricevette nel suo ufficio di New York. Nell'ascoltare la richiesta del sacerdote italiano, scosse la testa:
"Non è possibile far eseguire alle macchine quello che mi sta chiedendo. Lei pretende d'essere più americano di noi".

Padre Busa allora estrasse dalla tasca un cartellino trovato su una scrivania, recante il motto della multinazionale coniato dal boss *«Think»*, pensa, insieme alla frase ...

"Il difficile lo facciamo subito, l'impossibile richiede un po' più di tempo".

Lo restituì a Watson con un moto di delusione. Il presidente dell'IBM, punto sul vivo, ribatté:

"E va bene, padre. Ci proveremo. Ma a una condizione: mi prometta che lei non cambierà IBM, acronimo di International business machines, in International Busa machines".

Ebbe inizio così la monumentale opera che porterà alla creazione di quello che venne poi battezzato come l'*"Index Thomisticus"* e che farà di padre Busa il pioniere del Digital Humanities (impiego di macchine per studi umanistici).

Tra 1949 e il 1980, alla guida di equipe di ricercatori entusiasti dislocati tra l'*Aloisianum di Gallarate* (centro dell'operazione), Milano, Pisa, Venezia e Boulder (Colorado), padre Busa esamina puntualmente *undici milioni di parole latine e altrettante in 22 altre lingue e 8 alfabeti.*

Figura 51 Padre Roberto Busa nel 2006 (sullo sfondo i volumi dell'Index Thomisticus - agosto 2011)

Il frutto di questo intenso lavoro, durato più di trent'anni è stata la fotocomposizione computerizzata e la pubblicazione dei 56 volumi dell'Index: 39 volumi di concordanze, 10 di indici con 86 tavole di diverse classificazioni lessicali.

Nel frattempo, il panorama dell'informatica si sta trasformando: cresce la potenza di elaborazione dei computer, il dialogo uomo-macchina diventa più familiare e si aprono gli insospettati scenari applicativi della multimedialità. Padre Busa è sempre in prima fila e porta con sé nei nuovi spazi dell'informatica *"il suo san Tommaso"*: l'Index va su CD Rom e diventa un archivio elettronico da 1,6 Gigabyte sul quale ogni frase dell'opera dell'Aquinate può essere analizzata a livello grafico, morfologico, sintattico e lessicale.

Intanto altre imprese si preparano al decollo. Come il **Lessico Tomistico Biculturale** (LTB), progettato fin dal 1973 e sempre sostenuto dall'associazione **CAEL**, appositamente costituita *"per la computerizzazione delle analisi ermeneutiche e lessicologiche"*.
Col progetto LTB intendeva tradurre le voci di san Tommaso, quale espressione e sintesi dei primi 40 secoli della cultura mediterranea, nelle voci corrispondenti di varie lingue del nostro tempo.

Un'impresa ardua, ma non impossibile, che si colloca nel più generale filone della cosiddetta ***traduzione automatica***: un obiettivo che fino ad allora aveva mobilitato, con esiti deludenti, università, grandi imprese e governi e che diventò di stringente attualità con la diffusione capillare di Internet.

Non è stato difficile per padre Busa sintonizzarsi su queste frequenze; al punto da raccogliere e rilanciare un'altra e più impegnativa sfida, denominata delle ***"Lingue Disciplinate"*** (LD), basata sulla microanalisi linguistica sperimentata nell'Index e progettata per LTB. L'idea è di andare alle radici di ogni lingua per realizzarne la fusione in un unico sistema lessicologico di lingue intercambiabili.

Padre Busa muore a Gallarate, il 9 agosto 2011, all'età di 97 anni. Attivissimo fino all'ultimo e impegnato in diversi progetti, la sua è stata una vita lunga e feconda, gesuita, riconosciuto come il pioniere della linguistica computazionale, ma anche informatico.
Grazie a lui è nato il concetto di ipertesto e ha creato i link che oggi permetton o di navigare in internet, anche se poi il concetto è diventato in uso effettivo molto più avanti (come vedremo prossimamente).

"Padre Busa è riuscito a portare a termine il primo tentativo di trascrivere un testo in digitale, e 50 anni fa non era così scontato come oggi",
raccontò uno dei suoi collaboratori, Marco Passarotti. Un lavoro così poco scontato che ...

*"**Anche l'IBM non voleva finanziare il progetto"***, ma poi *"**hanno pagato per 30 anni il lavoro perché si trattava di un'opera strategica"***.

Un'opera titanica, a causa della mole di materiale, che nella prima accezione si è concretizzato in 12 milioni di schede perforate raccolte in 90 armadi per un totale di 500 tonnellate. L'importanza di questo lavoro è stata quella di aver ...

"Posto le basi per ciò che noi oggi usiamo tutti i giorni come il correttore automatico su Word, o il T9 sul cellulare".

IL COMPUTER SULLA LUNA

Il sedici Luglio 1969, alle ore 8.32, gli astronauti Neil Armstrong, Michael Collins ed Edwin Aldrin partirono dalla Florida (Kennedy Space Center), per compiere quattro giorni dopo lo sbarco sulla Luna, seguito in diretta dalle televisioni di tutto il mondo.

Figura 52 Tito Stagno durante la diretta dell'allunaggio. ultimo aggiornamento: 16 luglio, ore 17:30 - foto - http://spettacolicultura.ilmessaggero.it

Alle 19.28 di domenica 20 luglio 1969, ebbe inizio anche un'altra grande avventura, quella della diretta più lunga affrontata dalla televisione italiana, venticinque ore di diretta condotte da **Tito Stagno**, **Andrea Barbato** e **Piero Forcella**, per raccontare agli italiani *lo sbarco sulla luna*. Secondo un recente sondaggio online di Focus (mensile di attualità, sci- enza e sociologia), l'allunaggio, insieme all'attentato alle *Torri Gemelle*, è stato l'evento mediatico che maggiormente ha lasciato un segno nella memoria degli italiani.

Per la "*telecronaca del secolo*", ogni sede Rai aveva giornalisti, ospiti, programmi speciali, numerosi collegamenti con la sede centrale per un totale di duecento persone impiegate, tra cronisti, tecnici e operai e mezzo migliaio di invitati.

> *"Anche la televisione, sia pure giovane, entra nell'era spaziale".*

Aveva detto tempo dopo Andrea Barbato:

"In pochi mesi, sotto i nostri occhi, la tecnica dell'informazione è stata rivoluzionata e il linguaggio televisivo ha subito mutamenti irreversibili".

Quando **Neil Armstrong**, toccò per la prima volta il suolo lunare esclamò la famosissima frase:
"Un piccolo passo per un uomo, un balzo gigantesco per tutta l'umanità", la sua esclamazione venne ascoltata da milioni di telespettatori in tutto il mondo incollati davanti ai televisori.

Le immagini del "*nuovo mondo*" trasmesse dai centri spaziali di Houston e Cape Kennedy erano emozionanti, i presentatori nascondevano a fatica l'emozione e non mancò un momento di tensione in studio.

Tra l'incertezza delle trasmissioni dell'epoca e il tentativo di rubare la scena, Tito Stagno anticipò di qualche secondo, con l'ormai storico "*ha toccato*", il primo passo di Neil Armstrong, facendo andare su tutte le furie il corrispondente dagli Usa, che poco dopo replicò con un "*ha toccato in questo momento*". La tensione si sciolse con un applauso dallo studio di Roma, condiviso anche da Tito Stagno.

Brano tratto dall'Articolo a commento del video dello sbarco sulla luna (diretta RAI del 1969 pubblicato sul sito www.telvideo.rai.it).

In quell'emozionante video, è stato "*catturato*" uno dei momenti più brillanti della storia delle conquiste scientifiche.
Ora, quando si tratta questo argomento in tutti noi, nemmeno tanto celata, nasce l'ipotesi "**complottista**", cioè quella corrente di pensiero, sostenuta per altro da molteplici fonti anche autorevoli, secondo cui lo sbarco sulla luna non sia mai avvenuto realmente, ma sia stata una ben architettata messa in scena, la cui regia sarebbe addirittura stata magistralmente diretta in studio dal regista Stanley Kubrick.

Come ben potrete immaginare, non sapremo la verità, fino alle prossime missioni (omai imminenti) verso il nostro satellite.

La domanda ricorrente, a cui vorrei tentare di rispondere, in linea con l'argomento che stiamo trattando è la seguente:

Che tecnologia era presente a bordo dei moduli lunari che hanno caratterizzato la missione Apollo?

Ovvero, con che computer siamo andati sulla luna?

Se della missione dell'Apollo 11, sappiamo praticamente tutto, (Ci basta fare un giro su YouTube per guardare i video dell'epoca, fare un giro sul web, o sfogliare un'enciclopedia per trovare dettagliati resoconti sullo svolgimento della missione), decisamente meno nota è la storia di una **scatola di settanta chilogrammi** di circuiti integrati e del pannello di controllo ad essa collegato, che rappresentò una vera e propria ancora di salvezza per gli astronauti che sono scesi sulla superficie lunare.

Per rispondere alla domanda che ci siamo posti poc'anzi, dobbiamo, ancora una volta, tirare in ballo quei pazzi scatenati del **MIT**, che realizzarono il progetto dell'**Apollo Guidance Computer**, abbreviato in **AGC**. Il progetto venne realizzato sotto la guida di **Charles Stark Draper** (il "padre dei sistemi di navigazione inerziali"), in collaborazione con **Raytheon** (un'importante azienda statunitense nel settore della difesa e leader mondiale nella produzione di missili guidati, aerei e radar), Il tutto, naturalmente, sotto la stretta supervisione della NASA.

Nel progetto furono utilizzati circa quattromila circuiti integrati discreti che vennero prodotti dalla **Fairchild Semiconductor**.
Il MIT, come abbiamo già visto nei capitoli precedenti è sempre stato un punto di incontro per menti brillanti e giusto per non tradire la sua fama, fu anche sede di lavoro dei più grandi esperti al mondo in materia di orientamento e di controllo, qui erano già stati sviluppati i programmi di orientamento per i missili **Polaris** e **Poseidon**.

Fino a quel momento, tutti i calcoli per le equazioni del moto di questi sistemi erano stati eseguiti da computer analogici, ma nell'aprile del

1961, la NASA commissionò al MIT lo studio di fattibilità per un sistema di controllo digitale che sarebbe stato utilizzato per il programma Apollo.

Il lavoro sull'Apollo si rivelò una vera sfida, al momento della firma del contratto, le specifiche non erano ben definite e non lo furono fino al tardo 1962. Il progetto era ambizioso, e forse azzardato, tanto che anni dopo **Eldon Hall**, lead designer della AGC, (l'uomo che alla fine degli anni '50 aveva ideato un computer per sonde destinate a fotografare Marte), affermò che:

"Se i progettisti avessero saputo allora quello che scoprirono più tardi, o avessero avuto l'insieme completo delle specifiche... avrebbero probabilmente concluso che non c'era soluzione con la tecnologia disponibile."

L'AGC era basato su una unità di calcolo da 2 MHz di velocità di clock, le memorie erano a nuclei di ferrite, di 2 Kwords di memoria RAM e circa trenta Kwords di memoria ROM.
Quest'ultima conteneva, principalmente, dati e programmi ed **era multitasking**, in grado, cioè di essguire fino a otto programmi contemporaneamente.

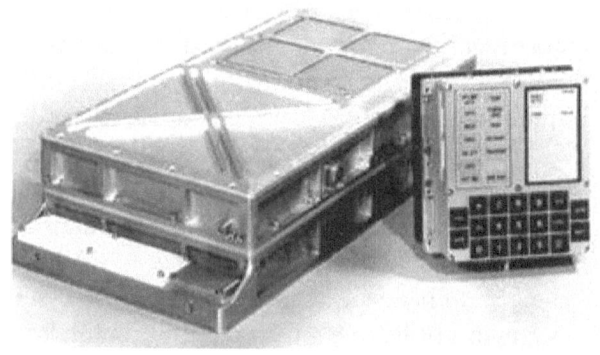

Figura 53 L'Apollo Guidance Computer (AGC) con la relativa interfaccia utente chiamata "DSKY"

Ne furono installati due, uno a bordo del "**Columbia**", il modulo di Comando, ed uno all'interno del **LEM**, (Lunar Excursion Module), il modulo di allunaggio chiamato "**Eagle**", che venne usato per le manovre di atter- raggio e di decollo dal suolo lunare.

L'interfaccia utente di AGC, chiamata **DSKY**. Aveva una serie di indicatori luminosi, display e una tastiera numerica.

I comandi venivano inseriti utilizzando una sintassi abbastanza semplificata basata su gruppi di tre numeri. In pratica, tramite una tastiera gli astronauti davano gli ordini semplicemente inserendo una sequenza di tre numeri (il comando da eseguire) e poi una seconda ed eventualmente una terza serie di dati (che indicava la modalità con la quale il comando doveva essere eseguito).

Va detto anche che sia gli astronauti, che il centro di controllo, così come tutti i piloti del tempo, non abbandonarono totalmente l'utilizzo degli affidabili "*Regoli calcolatori*", per i calcoli necessari durante la missione. In particolare, furono usati dei regoli della "*Pickett*", e quelli prodotti per le missioni Apollo riportavano in bella vista sulla scatola un adesivo che ne celebrava l'evento.

Il programma Apollo fu una sfida tecnica e manageriale tremenda per la NASA.

IBM rivestì un ruolo importante sia durante la missione, che per quanto riguardava la strumentazione tecnica da terra, e mise a disposizione 3500 impiegati.

Il ***Goddard Space Flight Center*** utilizzava un ***IBM System/360 Model 75*** (il modello più potente della famiglia 360 di cui abbiamo già parlato nei capitoli precedenti)

Figura 54 Personale della NASA al lavoro sull'IBM System/360 utilizzato per il controllo a terra della missione Apollo

Ma IBM ebbe un ruolo fondamentale anche a bordo del mezzo di trasporto, Aveva infatti progettato e costruito, il sistema di guida che integrava componenti creati oltre che da IBM stessa, anche da altre sessanta società.

Il Saturn V è stato l'oggetto più grande mai fatto volare dall'uomo, alto più di 110 metri e largo 10, e con una massa totale superiore a 3000 tonnellate, era paragonabile per stazza ad una "*nave volante*".
Quando veniva lanciato dal Cape Kennedy, generava piccole scosse sismiche percepibili dagli spettatori fino a cinque chilometri di distanza, ma che potevano essere rilevate dai sismografi in tutto il paese.

A causa della grande quantità di carburante che era in grado di contenere, veniva considerato di fatto una "*bomba*" e solo gli astronauti potevano entrare nel raggio dei tre chilometri attorno alla piattaforma di lancio. Se qualcosa fosse andato storto, chi si fosse trovato vicino avreb- be potuto subire gravi lesioni all'udito, oltre che rischiare di essere col- pito dai detriti dell'esplosione.

L'*Apollo Guidance Computer* fu l'esito della fruttuosa e ben finanziata collaborazione delle migliori menti del MIT e della Nasa, risultò essere un progetto assolutamente significativo, tanto da segnare un punto di non ritorno nella storia della tecnologia.

Figura 55 Uno dei missili "Saturn V" lanciati in orbita per le missioni Apollo dal 1960 ai primi anni 70

LA NASCITA DI UNIX

Immaginatevi un sistema superprotetto, in grado di far coesistere sulla stessa macchina, a seconda dell'utente, diversi livelli di sicurezza: "*Massimo Segreto*", "*Segreto, Confidenziale*" ed "*Informazione Non Classificata*". Progettato allo scopo di difendersi da ogni attacco esterno. In pratica stiamo parlando del sogno di qualsiasi esercito, ma in particolare di quello americano.

Nel 1965 i **Bell Laboratories**, cioè i centri di ricerca dell'American Telephone and Telegraph Incorporated (abbreviata **AT&T**), in collaborazione con il solito e onnipresente MIT e coadiuvati dalla **General Electric**, lavorarono per la realizzazione di "Multics", un nuovo sistema operativo pesantemente finanziato dall'**Agenzia Progetti di Ricerca Avanzata Dipartimento della Difesa** (ARPA).

"*Multics*" (questo era il nome del progetto) avrebbe dovuto essere un sistema modulare composto da processori ad alta velocità, memoria e componenti di comunicazione con caratteristiche sorprendenti per l'epoca. Doveva essere infatti multiutente, multiprocesso e avere un file system gerarchico. Avrebbe dovuto girare su un mainframe GE645 prodotto dalla General Electric.

Lo scopo era quello di *fornire servizi informatici 24 ore al giorno per 365 giorni all'anno, con la possibilità di aumentare la potenza aggiungendo componenti.*
I suoi creatori in verità avevano promesso molto di più di quello che avrebbero potuto fare nel tempo previsto, e nel 1969 decisero di abbandonare il progetto, a favore di un altro sistema nettamente più semplice, ma anche molto più modesto: **Gecos**.

Quello stesso anno, **Ken Thompson**, uno dei ricercatori che aveva partecipato al progetto, aveva scritto il programma di un gioco chiamato "*Space Travel*".

Secondo voi, su che mainframe venne sviluppato il gioco? Risposta esatta, proprio sullo stesso **GE645**, del progetto super segreto di Multics!

Fu in questo modo che i programmatori si resero conto che il gioco funzionava a scatti. Quel mainframe, seppur potente, aveva dei limiti nell'esecuzione dei programmi.

Si resero conto che il sistema operativo doveva essere completamente riscritto perché rispondesse alle esigenze specifiche della programmazione.

Thompson, insieme a un gruppo di ricercatori di Bell Labs che avevano preso parte al progetto Multics (**Dennis Ritchie**, **Rudd Canaday** e **Doug McIlroy**), rilevò un computer PDP-7 che al momento non era utilizzato, per proseguire il progetto Multics in autonomia.

Figura 56 Ken Thompson e Dennis Ritchie - foto https://windsock.io/

Il PDP-7 (Programmed Data Processor-7) fu un computer della serie PDP di Digital Equipment. Venne presentato nel 1965 e fu il primo a utilizzare la tecnologia *Flip Chip* (una tecnologia per il montaggio dei processori in cui il chip viene montato capovolto, in modo che i contatti elettrici siano direttamente a contatto con la scheda madre, allo scopo di eliminare i fili tra i componenti); il suo costo era di circa settantaduemila dollari.

Il risultato del lavoro di Ken e del suo gruppo fu un nuovo sistema operativo a cui venne dato il nome *Unics* (che poi fu abbreviato in *Unix*). Notate l'ironia contenuta nel nome, che si prende gioco del progetto militare, sottolineando che dove Multics, che era progettato per fare molte cose, aveva fallito, Unix sarebbe riuscito a farne una sola ma bene: eseguire dei programmi. Il concetto di massima sicurezza non faceva parte di questo obiettivo.

Entro un anno Thompson e Ritchie riscrissero Unix per il nuovo computer PDP-11 e vennero aggiunte caratteristiche che nel 1970 lo fecero diventare *il sogno di ogni programmatore*.

Il sistema era costituito da programmi chiamati *tools*, ognuno dei quali eseguiva una specifica funzione. L'uso combinato di questi programmi permetteva di risolvere problemi complessi. La crescita del sistema divenne sempre più veloce grazie all'aggiunta di nuove librerie di software.

Un aspetto importantissimo per lo sviluppo di Unix fu l'invenzione del linguaggio *"C"*, che venne, guarda caso, sviluppato tra il 1969 ed il 1973, proprio da Thompson e Ritchie. Come era lecito aspettarsi, nel 1973 Thompson riscrisse la maggior parte di Unix in "C". La scelta di quel linguaggio fu strategica, in quanto esso era appositamente disegnato per essere semplice e *"portabile"*, e questo consentiva di adattare i software con estrema facilità da un computer ad un altro.

Nel 1974 Thompson e Ritchie pubblicarono le specifiche del nuovo sistema operativo. Unix generò immediatamente un grande entusiasmo nella comunità accademica, che lo vide come un potente strumento di insegnamento per lo studio della programmazione di sistemi.

AT&T non chiese alcuna royalty per l'utilizzo e la modifica di Unix, questo non perché l'azienda fosse particolarmente generosa verso le università, ma solo perché dal punto di vista legale un decreto del 1956 impediva all'azienda di commercializzare un prodotto che non fosse direttamente collegato alle telecomunicazioni. Di conseguenza venne concessa una licenza all'università per scopi educativi e una per esistenza commerciale.

Unix era diventato improvvisamente molto di più di una semplice curiosità di ricerca: *dalle 16 installazioni del 1973 si passò alle 500 del 1977, di cui 125 nelle università e 10 in nazioni straniere.*

Ottenere una copia di Unix era piuttosto semplice e poco costoso: bastava pagare le spese di spedizione del supporto. Il basso costo invogliò molti gruppi di lavoro, in ambito universitario e nei centri di ricerca indipendenti, ad implementare Unix in proprio. Gli anni Settanta videro la nascita di sette diverse versioni del sistema.

Nel 1982 AT&T venne smembrata e questo permise all'azienda di sfruttare commercialmente il sistema operativo. I costi delle licenze si alzarono notevolmente e nel 1983 nacque lo **UNIX Support Group** (USG), che continuò lo sviluppo e il commercio di UNIX.
L'aumento esponenziale dei costi non piacque ad alcuni programmatori del MIT; uno di questi, **Richard Stallman**, iniziò nel 1984 il progetto "**GNU**", con lo scopo di creare un sistema operativo completamente libero.

L'anno successivo fondò la **Free Software Foundation**, un'organizzazione no-profit con lo scopo di sviluppare e diffondere il software libero.

Un'altra delle "*spin-off*" del progetto UNIX degna di nota fu senza dubbio la "***BSD***", che ebbe origine nel 1978 all'*Università di Berkeley in California*.
Gli ambienti universitari erano molto simili a quelli delle aziende: gli accessi ai computer erano limitati e monitorati, per cui non c'era bisogno di preoccuparsi della sicurezza del sistema. Questa "*libertà*" di movimento portò due studenti, **William (Bill) Joy** e **Chuck Haley**, a implementare sul sistema operativo importanti modifiche.

Nel 1978 Joy inviò trenta copie gratuite del "***Berkeley Software Distribution (BSD)***", una collezione di programmi e modifiche del sistema Unix, per le quali richiedeva solo i cinquanta dollari necessari per il costo dei dispositivi magnetici e per le spese postali.

BSD venne poi implementato dal **DARPA** (Dipartimento della Difesa), che lo adottò come proprio Sistema Operativo. William Joy fondò di lì a poco un'azienda, la **Sun Microsystems**, dove venne realizzata la versione di Unix nota come **Sun OS**, poi sviluppata in **Solaris**.

Nel 1980 nacque anche **Xenix**, ad opera di **Microsoft**. Il maggior contributo di questa distribuzione fu l'introduzione di Unix nel mondo dei desktop.

Le compagnie che entravano nel mercato UNIX dovevano decidere lo standard da adottare. Da una parte c'era lo schieramento Berkeley Unix, dall'altra invece quello di AT&T System V, con il quale erano schierate aziende come Data General, IBM, Hewlett Packard e Silicon Graphics.
Questa diversificazione mise in seria difficoltà i venditori di software, che necessitavano di una piattaforma unica sulla quale implementare le nuove versioni dei prodotti.

Nell'agosto del 1988, a seguito della fusione di Xenix con UNIX AT&T System V, venne creato lo ***Unix System V/386***, dedicato alle macchine 80386 (i famosi ***386 Intel***), ed incorporava le caratteristiche di entrambi i sistemi.

Nello stesso anno, anche Sun decise di iniziare una collaborazione con AT&T e abbandonò lo sviluppo di SunOS, per dedicarsi alla creazione di un Sistema Operativo congiunto.

Ne uscì una nuova versione di UNIX, il ***System V Release 4***, che incorporava le caratteristiche dei sistemi delle due aziende.

Il resto delle compagnie escluse da questo mercato decise di confederarsi. Così, nel maggio 1988, le società Apollo Computer, Digital Equipment Corporation, Hewlett-Packard, IBM e tre compagnie europee fondarono l'***OSF*** (Open Software Foundation), con lo scopo dichiarato di strappare il controllo di Unix ad AT&T e metterlo nelle mani di una coalizione no-profit.

AT&T aveva avuto successo, ma il colosso aveva fallito nella sfida con Windows, il sistema operativo della Microsoft, che ormai spopolava sui computer desktop.

Per far fronte a tale situazione, nel 1993, AT&T comprò gli Unix Systems Laboratories da Novell. Novell trasferì di conseguenza il marchio Unix al consorzio X/Open, che concedeva l'uso del nome ai sistemi che erano conformi ai suoi 1170 test. Novell, in seguito, vendette il codice sorgente di Unix a SCO, era il 1995.

I TRENINI ELETTRICI E GLI HACKER

Come tutte le storie che fanno sorgere dei miti, anche la nascita dell'hacking è difficile da ricostruire con certezza; provo a riportarvi qui quella che mi sembra più attendibile.

E non stupitevi, perché per parlarvi della nascita dell'hacking dovrò necessariamente partire dai trenini elettrici!

Siamo nell'inverno del 1958 al **Massachusetts Institute of Technology** (MIT) nel quartiere universitario di Boston. Come accade in molte università americane, gli studenti si riuniscono al di fuori delle ore di studio, associandosi in "*club*". Uno di questi gruppi era il "**Tech model railroad club**" (Tmrc).
Se vi fosse capitato di entrare nella loro sede, avreste compreso immediatamente che la caratteristica di questo club era tutta incentrata sull'enorme e dettagliato plastico ferroviario che occupava la maggior parte dello spazio a disposizione degli studenti.

Figura 57 Un'imagine del plastico presente nelle stanze del TRMC

Il modello funzionava grazie a un immenso intreccio di cavi, relè ed interruttori situati nella parte sottostante. Il club aveva leggi ferree e, ad esempio, assegnava alle matricole una chiave d'accesso ai locali solo quando le stesse completavano almeno quaranta ore di lavoro sul plastico.
Il Tmrc era strutturato in due sottogruppi: alcuni soci realizzavano i

modellini dei treni e curavano la parte "*scenografica*" della riproduzione. C'erano poi coloro che facevano parte della "***Signal & Power Subcommittee***" (S&P Sottocommissione per lo studio dei segnali e dell'energia), che si occupavano di tutto ciò che accadeva sotto il modellino ferroviario.

In quegli anni, il sistema telefonico universitario era gestito dalla compagnia dei telefoni **Western Electric**, che era anche uno degli sponsor dell'istituto. Spesso accadeva che i ricambi destinati al corretto funzionamento del sistema telefonico fossero "magicamente" dirottati nelle stanze del Tmrc per essere riadattati dai nuovi soci del club ed aggiunti al sistema ferroviario.

Figura 58 Uno studente del "Tmrc" impegnato nella manutenzione del plastico ferroviario

L'impianto elettrico che faceva muovere il grande plastico ferroviario veniva costantemente smontato, riassemblato, modificato e migliorato con grande dedizione e passione. Gli anziani membri stavano al club per ore, migliorando costantemente il sistema, discutendo sul da farsi e sviluppando un gergo esclusivo ed incomprensibile per gli estranei.

Gli appartenenti al gruppo erano perfettamente riconoscibili anche al di fuori del club, per il loro modo bizzarro di vestire: camicia mezze maniche a quadretti, matita nel taschino, pantaloni "***chino***" (chiamati così dai soldati inglesi in India, quando decisero di tingere le proprie divise bianche con il caffè per renderle mimetiche) e perenne bottiglia di coca-cola al fianco. Essi erano da molti considerati "*strani*", tanto che per questo genere di persone venne coniato un termine particolare: "***Nerd***", tipico di chi ha una certa predisposizione per la scienza e la tecnologia ed è al contempo tendenzialmente solitario e con una più o meno ridotta propensione alla socializzazione.

Quei ragazzi così "***particolari***" assimilarono nel loro gergo il termine "***hack***", proveniente dal vecchio gergo del MIT. Nella storia dell'università, con "hack" erano identificati gli scherzi fatti dagli studenti (come, ad esempio, quello di rivestire di alluminio la cupola che dominava l'università), ma essi diedero a questo vocabolo una nuova vita.
Per gli appartenenti al Tmrc, un hack era ad esempio un'intelligente configurazione di collegamenti, in grado di manovrare degli scambi per i binari del plastico.

Per qualificarsi come un vero "*hack*", l'impresa doveva avere in sé qualcosa di veramente eccezionale, avrebbe dovuto dimostrare innovazione, stile e virtuosismo tecnico. I più produttivi tra quelli che lavoravano al Signal and Power si definivano, con grande orgoglio, "*hackers*".

Steven Levy, giornalista e autore del libro "***Hackers. Gli eroi della rivoluzione informatica***", affermò che: "*La tecnologia era il loro parco giochi. Questi studenti, 'strani', erano in verità elementi intelligenti, brillanti, a volte geniali*".

La vera svolta per il gruppo ci fu però nel 1959, quando al MIT fu istituito il primo corso di informatica, rivolto allo studio dei linguaggi di programmazione. In quell'occasione fecero il loro arrivo i primi mainframe, dismessi dall'esercito americano e consegnati all'istituto per fini di ricerca e sperimentazione.

Alcuni membri del S&P si iscrissero ai nuovi corsi, ma quello che li affascinò maggiormente fu la possibilità di "***mettere le mani***" sulle macchine. Così come accadde per il plastico, quei computer rispondevano appieno al principio ispiratore del gruppo.

Il primo elaboratore del MIT fu un ***IBM 704***, posto al primo piano del palazzo 26. Ma la vera "***fucina***" del talento di questi ragazzi era la leggendaria stanza "***Eam***", l'Electronic Account Machiner, posta in un seminterrato dello stesso edificio. Era qui che venivano "***create***", mediante un apposito macchinario, le grosse schede perforate contenenti le parti di "***codice***", cioè le istruzioni per l'esecuzione dei programmi, che erano un insieme di molte schede.

Le schede venivano poi trasportate al piano superiore, dove venivano "***date in pasto***" al 704, che provvedeva ad elaborarle. Una volta caricato il programma nel computer, questo l'avrebbe memorizzato e messo in coda a quelli già presenti e quando possibile (spesso occorrevano diversi giorni, accompagnati da snervanti attese) avrebbe fornito il risultato.

In quel periodo, l'utilizzo dei computer era sottoposto ad una rigida burocrazia fatta di permessi e autorizzazioni. L'accesso alle macchine, così complesse e costose, era consentito solo a pochi tecnici, professori, ricercatori e a qualche laureando. Questo stato di cose non rappresentò però un limite per gli hackers, anzi, li rese ancor più determinati nel raggiungere i loro scopi.

Diedero quindi inizio alle prime intrusioni notturne, dove furono vincenti le doti di "***lock hacking***" (l'hackeraggio di serrature), in cui alcuni studenti si erano specializzati. Qualsiasi espediente più o meno lecito diventava utile per essere dietro la consolle del computer.

Sempre Levy commenta che: "***Dietro la consolle di un computer da un milione di dollari, gli hackers avevano il 'potere'... e d'altra parte, ... diventava naturale dubitare di qualsiasi forza potesse cercare di limitare la misura di quel potere***".

Fu proprio in questi anni che nacque la filosofia hacker, essi credevano fermamente che l'accesso ai computer, come a tutto quello che avrebbe potuto insegnare qualcosa su come funzionava il mondo, avrebbe dovuto essere assolutamente illimitato e completo.

Col passare del tempo, l'università fece arrivare altri computer: l'IBM 709, il 7090, il Tx-0, il Pdp-1 e successive versioni. Gradualmente venne anche allentato il controllo sugli accessi agli elaboratori, anche e soprattutto a fronte dei risultati che questi studenti riuscirono a raggiungere.

Tra gli innumerevoli virtuosismi informatici realizzati dagli hackers, ci furono ad esempio il "*compilatore musicale*" di **Peter Samson**, realizzato nel 1961 e regalato, dallo stesso Samson, alla DEC con un'unica e sola condizione: che lo distribuisse gratuitamente, fiero che altre persone avrebbero potuto usare il suo programma.

L'anno successivo, invece, venne ricordato per la creazione di "*Spacewar*", il gioco creato da *"Slug" Russell*, la cui programmazione e il cui utilizzo aveva impressionato e catturato le energie di molti dell'istituto. "*Spacewar*" citava sempre Levy: *"Non era una simulazione con il computer ordinaria: diventavi effettivamente pilota di un'astronave da guerra"*.

Il lavoro del gruppo favorì un altro passo utile a costruire l'etica hacker: "*L'impulso ad entrare nei meccanismi della cosa e renderla migliore aveva portato ad un consistente miglioramento. E ovviamente era anche divertentissimo*".

I ragazzi del MIT erano dominati da un innato desiderio di conoscenza, una conoscenza che non doveva avere limiti e che sapevano avrebbe migliorato il mondo. Il loro scopo e la loro meta fu l'hackeraggio della tecnologia, e per conseguirlo erano disposti a sacrificare vita sociale ed ore di sonno, lavorando sui programmi anche per trenta ore di seguito, oppure a lavorare solo di notte per poter utilizzare al meglio e senza limiti di tempo gli elaboratori (che di giorno dovevano essere messi a disposizione anche degli altri studenti).

"Avvertivano l'hackeraggio non solo come un'ossessione e un enorme piacere, ma come una missione".

Questi ragazzi studiarono i computer e i linguaggi di programmazione, li esplorarono a fondo al fine di sfruttarne al massimo le potenzialità.

Bruce Sterling, autore di fantascienza statunitense che ha contribuito a definire il filone cyberpunk, affermò che le vere radici dell'underground hacker moderno, pur essendosi sviluppato tra le menti universitarie, trova la sua vena ispiratrice in un movimento anarchico ora quasi dimenticato, quello degli Yippie.

Essi portarono avanti una rumorosa e vivace politica di sovversione. I loro principi fondamentali, la promiscuità sessuale, un aperto uso di droghe, l'abbattimento di ogni potente che avesse più di trent'anni e la ferma richiesta della fine della guerra del Vietnam, si concretizzò a livello pratico con l'affinamento di tecniche ingegnose per evitare ad esempio il pagamento delle chiamate telefoniche (phone phreaking), per ottenere "*gratis*" gas e corrente elettrica, o per "*estorcere*" dei comodi spiccioli ai parchimetri innocenti.

Queste tecniche di "*anarchia sociale*" sopravvissero al movimento Yippie e nel 1971 Abbie Hoffman, uno dei leader carismatici del movimento, grande appassionato di telefonia, pubblicò una newsletter chiamata "*Youth International Party Line*", dove venivano descritte dettagliatamente le tecniche di pirateria a danno delle compagnie telefoniche.

La newsletter fu praticamente "*divorata*" dagli hacker che trovarono negli articoli approfonditi dettagli tecnici, formule, schemi di sabotaggio elettronico e così via. Dopo la fine della guerra del Vietnam, la rivista cambiò il nome in TAP, Technical Assistance Program, ma continuò ad essere una miniera di utili informazioni per chi intraprendeva la strada del "*computer hacking*".

Passata alla fine degli anni Settanta nelle mani di **Tom Edison**, la rivista uscì di scena nel 1983 per risorgere nel 1990 ad opera di un giovane hacker del Kentucky, chiamato "**Predat0r**".

Un altro personaggio legato al mondo del "**TAP**" fu **Eric Corley**, in arte **Emmanuel Goldstein** (pseudonimo tratto dal personaggio del romanzo "1984" di *George Orwell*), che nel 1984 a New York divenne autore di "**2600 The Hacker Quarterly**", una rivista trimestrale interamente dedicata al mondo degli hacker.

Dopo il primo e glorioso periodo del MIT, arrivarono gli hacker della "seconda generazione" tra la fine degli anni Sessanta e l'inizio degli anni

Settanta, arrivarono i "***maghi dell'hardware***", cioè coloro che si dedicarono intensamente allo studio delle apparecchiature che compongono gli elaboratori. La logica ispiratrice fu quella di spingere un elaboratore alle sue massime potenzialità, assemblare schede e processori allo scopo di trarne il miglior risultato possibile. Il loro scopo, la loro filosofia era "***liberare***" anche la parte "***fisica***" della tecnologia.

La vicenda della nascita dell'hacking fu un vero e proprio inizio. Vedremo più avanti come il cambiamento iniziato in questi anni divenne la spinta fondamentale per lo sviluppo dei computer, così come li conosciamo. Non meravigliatevi quindi se torneremo spesso a parlare degli hacker e delle loro molte innovazioni.

LA NASCITA DEL PERSONAL COMPUTER

Abbiamo visto che con la nascita dei microprocessori, in particolare con l'Intel 8008, si diede inizio ad una nuova generazione di computer, i cosiddetti computer della "*terza generazione*". Nel 1973 venne presentato in Francia uno tra i primi personal computer del mondo, il "*Micral*", basato sul processore 8008.

Figura 59 Il computer Micral, presentato nel 1973

L'era del personal computer nacque però di fatto nel 1975, quando sul numero di gennaio della rivista **Popular Electronics**, **Les Solomon**, il direttore tecnico della sezione Computer & Electronics, decise di presentare l'*Altair 8800*, una macchina anch'essa basata sull'8008, con 256 bytes di memoria nella quale le istruzioni non potevano essere memorizzate, ma dovevano essere inserite a mano attraverso gli interruttori del pannello frontale ogni volta che il calcolatore veniva acceso.

Figura 60 Un Altair 8800 assemblato (1975)

Insieme all'articolo con la presentazione, c'era anche l'offerta di vendita del modello base a 397 dollari e l'indirizzo a cui richiedere quello che oggi chiameremmo il "*Kit*". In verità, l'Altair 8800 è stato il primo caso nella storia di quello che gli inglesi definiscono "*vaporware*", cioè di cosa fatta di vapore: la fotografia riprodotta su Popular Electronics è quella di un apparecchio realizzato ad hoc, assolutamente non funzionante. Il computer veniva inviato smontato e doveva essere assemblato dagli acquirenti.

Secondo Solomon, che riecheggiava in pieno la filosofia hippie, l'opera di "*creazione*" doveva essere una naturale conseguenza del lavoro col computer, ma egli sapeva che "*mettere le mani*" sull'hardware era anche l'ossessiva passione di ogni hacker. Per la verità, la sua esclamazione a giustificazione della scelta fu molto radicale, disse infatti: "*È lì, nell'atto della creazione, che ogni uomo può diventare un Dio*".

Esclamazioni deliranti a parte, c'è da dire che la strategia commerciale fu un vero successo. La rivista veniva recapitata a circa cinquecentomila hobbisti abbonati, migliaia di persone inviarono i quattrocento dollari per posta allo scopo di ricevere il kit, altri invece si accamparono davanti alla sede della Model Instrumentation Telemetry Systems (MITS), la società che lo produceva.

L'Altair non aveva la tastiera e i comandi venivano ogni volta inseriti tramite interruttori. Questo aspetto determinò il segno distintivo caratteristico degli "*smanettoni*" dell'epoca, le piaghe e le vesciche sulle dita.

L'Altair a quel tempo ebbe un rivale che fece parlare di sé per il suo ruolo "*cinematografico*". Fu infatti il computer usato da **Matthew Broderick** per collegarsi al **Norad** nel film "**Wargames**". Il suo nome era **IMSAI 8080**. Questo computer apparve anch'esso sulla rivista poco dopo l'Altair e funzionava con lo stesso processore. Purtroppo, però non ebbe molta fortuna, in quanto la società produttrice ebbe qualche problema finanziario in seguito a una storia di cessione dei diritti.

Figura 61 L'IMSAI 8080, il computer usato da Matthew Broderick per collegarsi al Norad del film "Wargames"

Ora facciamo due passi fino a San Francisco, quando, nel marzo 1975, **Fred Moore** e **Gordon French** radunarono un gruppo di appassionati di informatica e si riunirono in un club che si prodigò per portare avanti un'idea all'epoca considerata da molti una vera assurdità, cioè che ogni persona dovesse possedere in casa propria un computer.

L'**Homebrew Computer Club**, questo era il nome del gruppo ("*homebrew*" significa "*fatto in casa*", nel senso di "*autocostruito*"), rimase attivo fino al 1986. Di questo club fecero parte personaggi che divennero poi protagonisti importantissimi del panorama informatico, come **Steve Jobs** e **Steve Wozniak** (che proprio al club presentarono la loro prima creazione, l'**Apple-I**) e **Adam Osborne** (che più tardi fondò la Osborne Computer Corporation), oltre ad altri membri che crearono hardware in grado di eseguire il phreaking, cioè l'istradamento della chiamata telefonica verso la destinazione voluta, ingannando il sistema di tariffazione del gestore telefonico.

Tra questi dispositivi ci fu anche la famosa **Blue Box** (la scatola blu), che fu di fatto il primo progetto nato dalla collaborazione tra Steve Jobs e Steve Wozniak, i futuri fondatori di "*Apple*". Raccontò proprio Jobs in un'intervista che i due amici avevano letto sulla rivista "***Esquire***" di un certo "***Captain Crunch***" che riusciva a telefonare gratis. All'inizio pensavano fosse una bufala, e cominciarono a spulciare diversi libri per scovare i toni segreti con cui riuscire a farlo. Una sera però, mentre si trovavano nella biblioteca dello Stanford Linear Accelerator Center (la sede dell'acceleratore di particelle presso la Stanford University), in fondo all'ultimo scaffale, nascosta in un angolo, trovarono una rivista tecnica delle AT&T in cui veniva spiegato tutto.
Decisero di costruire un dispositivo in grado di riprodurre i toni che erano alla base delle comunicazioni telefoniche (oggi non sono più in uso, sostituiti dagli impulsi), che venivano inviati da un telefono integrato in un computer ad un altro, e poi diffusi per tutta la rete.
Scoprirono che la AT&T aveva commesso un errore, le transazioni tra un computer e l'altro venivano inviate sulla stessa banda di frequenze della voce.

"*...Quindi se riuscivi a riprodurre quel segnale potevi introdurlo nel tuo telefono ed avere a disposizione l'intera rete telefonica internazionale della compagnia,* *avrebbero creduto che quello fosse uno dei loro computer".*

In circa tre settimane riuscirono a costruirne un prototipo funzionante. Fecero la prima chiamata a Los Angeles, ad un parente di Woz.

"Il numero era sbagliato..." Racconta sempre Jobs,
"...e abbiamo svegliato uno sconosciuto nel cuore della notte. Gridavamo come pazzi «è una chiamata gratis!» lui non sembrava apprezzare, ma per noi era un miracolo".

Crearono quindi la loro "*Blue Box*" interamente digitale, sulla quale affissero anche un logo con la scritta "**Il mondo nelle tue mani**". Attraverso la scatola blu era possibile agganciarsi ai satelliti (di cui possedevano tutti i codici) e in questo modo fare letteralmente il giro del mondo.

Figura 62 La Blue Box - conservata al Powerhouse Museum di Sydney

"...eravamo giovani e avevamo capito che potevamo costruire qualcosa da soli, strumenti in grado di controllare miliardi di dollari e collegare diverse parti del mondo, ... potevamo costruire una piccola cosa capace di controllarne una gigantesca. Questa è una lezione incredibile, senza la Blue Box non sarebbe mai nata la Apple."

Jobs ricorda anche i momenti concitati in cui Woz attraverso la scatola magica telefonò in Vaticano dichiarando di essere Henry Kissinger (imitando il tipico accento tedesco) e chiedendo di conferire urgentemente con il pontefice, in quel momento in Italia era piena notte.

"*Abbiamo svegliato tutti, anche i cardinali, hanno mandato qualcuno a svegliare il papa, finché non siamo scoppiati a ridere, allora hanno capito che era uno scherzo. Non abbiamo parlato con il papa, ma è stato molto divertente*".

(Steve Jobs: L'intervista perduta - Feltrinelli real cinema" - www.realcinema.it)

La "*missione*" dell'Homebrew Computer Club era sostanzialmente e soprattutto la "*condivisione*". Una delle espressioni ripetute spesso da Fred Moore era che non esistevano informazioni che non meritassero di essere diffuse, e più importante era il segreto, più grande era il piacere nel rivelarlo. Un'altra delle frasi "usuali" durante le riunioni del gruppo (che entro breve tempo videro la partecipazione di centinaia di persone) era la seguente:

"*C'è qualcuno qui dell'Intel?*" e "*se non ci fosse stato nessuno, sarebbero state divulgate le ultime notizie riservate riguardanti i chip che Intel aveva fino a quel momento protetto dallo spionaggio delle altre aziende della Silicon Valley*".

La vicenda dell'Altair fu di grande ispirazione per moltissimi appassionati di elettronica. Tra questi vi furono anche **Bill Gates** e **Paul Allen**, che dopo aver letto l'articolo sulla rivista *Popular Electronics*, mentre erano all'università di Harvard, telefonarono a Ed Roberts per proporgli di acquistare il loro interprete **Basic per l'Altair**.

Sì, lo so, la vicenda comincia a snocciolare aspetti interessanti, soprattutto perché vicini alla nostra storia recente. Ma a questo punto, meglio metterci comodi e gustarci un buon caffè. Così ne approfittiamo per chiarirci qualche idea sui personaggi. Di queste figure storiche, senza dubbio è stato detto e scritto moltissimo, così tanto che probabilmente voi che state leggendo potreste snocciolare a memoria più informazioni di quante io ne possa scrivere. Quello che proverò a fare sarà delineare il più possibile chiaramente quale è stato il loro contributo all'evoluzione della tecnologia. Prima di affondare le mani nel pazzesco mondo di Microsoft, Apple e Linux, dobbiamo doverosamente dedicarci ad un aspetto che fino ad ora abbiamo largamente sorvolato.

Come dimenticare infatti che in questi anni (e in verità già prima), nasceva quel grande "*mondo parallelo*" a cui è stato dato il nome di

"*Internet*"?

Già, come è nata internet, e soprattutto perché? Che bisogno c'era della "rete delle reti"?

Bene, siccome siete già seduti, ed il caffè probabilmente ormai lo avete finito, cominciamo.

LA RETE DELLE RETI

Dunque, vediamo, se volessi prendervi un po' di sorpresa, potrei porvi una domanda a bruciapelo: "***Cos'è Internet?***" Sono sicuro che qualcuno non avrebbe dubbi di sorta e comincerebbe a parlare per delle buone mezz'ore, raccontandomi tutto per filo e per segno. Ma sono straconvinto che per qualcun altro, per molti altri, sarebbe più facile appellarsi alla "***domanda di riserva***".

L'altra cosa di cui sono certo è che, se pensiamo a Internet come lo vediamo oggi, nella sua impressionante vastità, ciascuno di noi potrebbe fornire risposte notevolmente diverse a questo quesito. In effetti, dare una definizione non riduttiva di Internet non è affatto semplice. Così come per nulla facile, e per certi aspetti impossibile, è definire quanto essa sia grande.

Già nell'ormai lontano Nel 2008, Google (il più diffuso motore di ricerca al mondo) ha dichiarato di avere indicizzato un "***Trilione***" (Negli Stati Uniti e nel mondo anglosassone in genere il termine "Trillion" equivale a mille miliardi) di siti web unici (nel dato non vengono contati i siti che rispondono a più di un dominio).
Il numero di pagine uniche esistenti è invece incalcolabile, in quanto un'applicazione web o un sito web può contenere decine di pagine uniche.

In questi ultimi anni, in cui la crescita della "***grande rete***" è stata esponenziale, la domanda in questione se l'hanno posta in tanti.
E da qualche anno, molte importanti realtà hanno affidato ad agenzie specializzate il compito di fare delle statistiche per capire in che termini fosse possibile "*misurare*" la "***rete delle reti***".

Quello che è scaturito da queste analisi è un panorama davvero impressionante. Tanto grande e tanto in movimento da renderne perfino difficile l'esposizione dei risultati.

Per renderlo efficace in termini comunicativi, si è cercato di rispondere al seguente quesito:

"Cosa succede su Internet ogni minuto?"

Ebbene, se provate a scrivere questa domanda su Google, vi imbatterete in una serie di infografiche molto significative, ma anche molto diverse tra loro. Quello che di sicuro appare evidente da ciascuna di queste statistiche è che lo stato dell'arte attuale, in evidente e continua crescita, è a dir poco sbalorditivo.

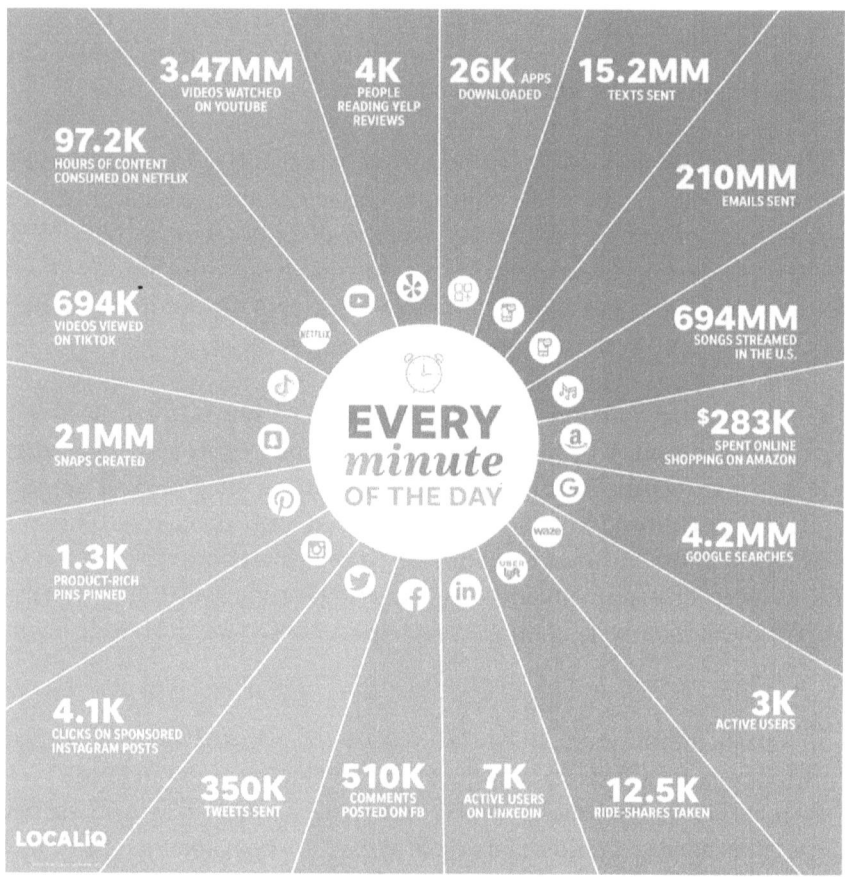

Figura 63Cosa succede online in 60 secondi nel 2021? – MegaMarketing

Ecco qualche dato riferito all'anno 2021. Ogni minuto vengono postati oltre 510mila commenti su su **Facebook**, mentre su *Google* vengono effettuate circa 4,2 milioni di ricerche. Twitter conta la bellezza di 350 mila tweet spediti. Oltre Novantasettemila, sono le ore video erogate da Netflix. YouTube ospita un pubblico che guarda qualcosa come 3,47 milioni di video al minuto, mentre su LinkedIn ci sono 7000 utenti attivi al minuto.

Dite la verità, a questo punto vi gira un po' la testa. Per fortuna vi avevo già detto di sedervi!

Ma dove nasce, come nasce tutto questo incredibile bailamme di servizi e di applicazioni? Bene, la nostra macchina del tempo sta scaldando i circuiti. Se siete pronti ad imbarcarvi per questo nuovo viaggio, affrettatevi, ci sono anche i popcorn!

Siamo nei primi anni '60, subito dopo il successo scientifico rappresentato dal lancio del primo **Sputnik** sovietico (un satellite spaziale senza equipaggio, messo in orbita il 4 ottobre 1957).

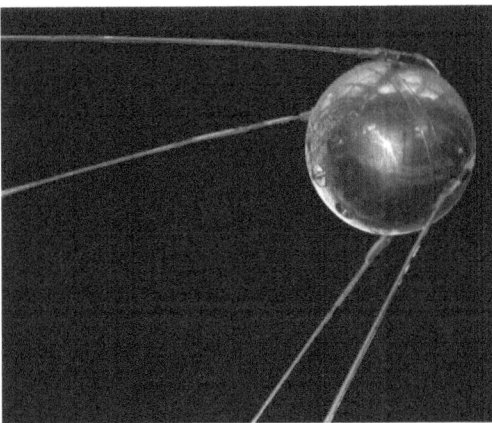

Figura 64 : Lo Sputnik 1 un satellite spaziale senza equipaggio, messo in orbita il 4 ottobre 1957.

Gli americani, che, come sappiamo, non amano essere lasciati indietro, si mossero in due direzioni.
Da una parte lanciarono un programma spaziale che doveva portare l'uomo sulla Luna, mentre dall'altra, a livello militare, cominciarono a predisporre un piano di difesa per fronteggiare un eventuale attacco atomico da parte dell'URSS. Siamo in piena "**Guerra Fredda**".

Il Pentagono istituì **A.R.P.A.** (acronimo di "***Advanced Research Projects Agency NETwork***"), un'agenzia per progetti scientifici a livello avanzato a scopi militari.

Verso il 1965, ARPA iniziò ad avere dei seri problemi di gestione: aveva diversi computer sparsi in varie sedi (tutti molto costosi) che non potevano parlarsi e in verità, non avrebbero potuto farlo nemmeno se fossero stati tutti nella stessa stanza. In quanto non era mai stato creato uno standard di comunicazione.

Tutti questi computer utilizzavano sistemi di gestione e archiviazione completamente diversi e scambiare file fra loro era quasi impossibile. Quindi, era necessario molto tempo e molto lavoro per passare dati fra i vari computer. Per non parlare dello sforzo necessario per portare e adattare i programmi da un calcolatore all'altro.

Robert Taylor, allora direttore della divisione informatica dell'ARPA, affrontò il problema in modo radicale e nel 1966 ottenne uno stanziamento di *un milione di dollari* per iniziare un progetto denominato "**ARPANET**".

Il progetto per questa particolare rete di computer venne studiato in modo che potesse *funzionare anche a fronte di un disastro nucleare*. Essendo costituita da moduli che mettevano un computer in grado di comunicare con un altro seguendo strade diverse: qualora un percorso fosse stato impraticabile, i messaggi avrebbero seguito strade alternative. Nacque così il concetto di *"instradamento delle informazioni"*, o, in inglese, *"routing"*.

Figura 65 : La diffusione di Arpanet nel 1969

Il 29 ottobre del 1969, due programmatori riuscirono a scambiarsi il primo messaggio. **Charlie Klein**, collegato al suo calcolatore, batté il messaggio "*login*", diretto all'altro programmatore **Bill Duval**, che si trovava allo **Stanford Research Institute**.

Possiamo considerare quindi la data del 29 ottobre 1969 come la data effettiva della nascita di ARPANET.

Per tutti gli anni Settanta, ARPANET venne utilizzata per la comunicazione tra centri di calcolo come previsto dal progetto originale. Ma i ricercatori, avendo per le mani un nuovo e potente canale di comunicazione, cominciarono a farne un uso massiccio. *Scambiavano testi e messaggi* elettronici con estrema facilità, andando ben al di là degli scopi e dei compiti del loro lavoro. L'*e-mail*, ad esempio (o posta elettronica), nacque proprio in questo periodo. **La rete ARPANET divenne quindi uno strumento potente che metteva in comunicazione tra di loro, favorendo la cooperazione, i ricercatori delle università americane.**

In breve tempo si collegarono ad ARPANET **tutte le reti universitarie e quelle di ricerca.** Allo scopo di migliorare le comunicazioni, vennero messi a punto dei "protocolli di rete", cioè un insieme di regole predefinite alle quali i diversi calcolatori dovevano attenersi per parlare fra loro.

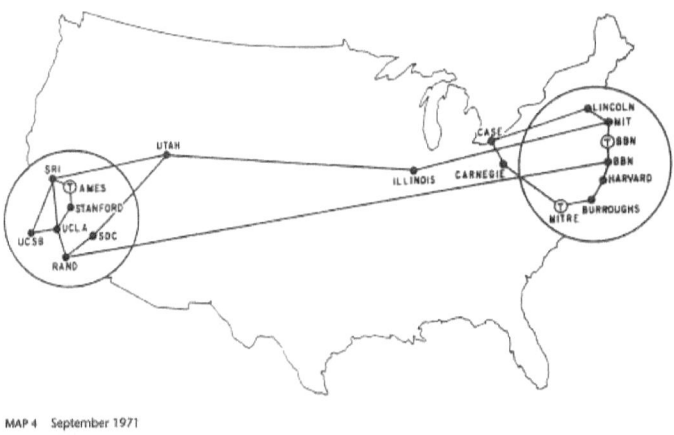

Figura 66 La diffusione di Arpanet nel 1971

Nel 1973, **Robert Kahn** e **Vinton Cerf** (quest'ultimo oggi è Vicepresidente di Google) crearono lo standard di trasmissione **TCP/IP** (Transmission Control Protocol/Internet Protocol). Il progetto della rete fu ribattezzato "***Internet***".
Negli anni Ottanta, grazie all'avvento dei personal computer, la diffusione della rete ebbe un grande impulso al di fuori degli ambiti

istituzionali e accademici. Rendendo di fatto potenzialmente collegabili centinaia di migliaia di utenti.

Fu così che l'esercito e le prime università coinvolte nel progetto cominciarono a rendere partecipi alla rete i membri della comunità scientifica.
Questi iniziarono a scambiarsi informazioni, dati e messaggi. Coinvolgendo a loro volta altri "*utenti comuni*". Nacquero in questo modo, spontaneamente, i primi *newsgroup* (gruppi di discussione On-Line) e di fatto una rete.

Il primo *programma di posta elettronica* venne creato nel 1971 da *Ray Tomlinson*, ingegnere informatico della **Bbn**, che l'anno successivo scelse anche il segno di "*commercial at*", identificato con la famosa chiocciola "*@*", per identificare gli indirizzi di posta. Tale simbolo, seppure scelto quasi a caso, aveva anche il vantaggio di essere utilizzato per indicare "*at*" (cioè "*presso*") in inglese, oltre a comparire come indicatore di prezzo nella contabilità anglosassone da quasi un secolo. Per diverso tempo ci furono separatori diversi per gli indirizzi e la chiocciola è diventata lo standard mondiale solo alla fine degli anni '80.

Nel 1983, ARPA esaurì il suo scopo. Lo stato chiuse l'erogazione di fondi pubblici. La sezione militare si isolò, necessitando di segretezza assoluta a protezione delle proprie informazioni. Nacque perciò "*Milnet*".

Con il passare del tempo, l'esercito si disinteressò sempre più al progetto, fino ad abbandonarlo nel 1990. Internet a quel punto rimase sotto il pieno controllo delle università, diventando un utile strumento per scambiare le conoscenze scientifiche e per comunicare.

Tra gli anni '70 e '80, la comunicazione in rete era assicurata dalle **BBS** (Bulletin Board System). Sistemi telematici che consentivano a computer remoti di accedere ad un elaboratore centrale per condividere o prelevare risorse. Il sistema delle BBS è stato alla base delle prime comunicazioni telematiche della storia. Gli utenti si connettevano tramite il proprio computer alla rete telefonica mediante un dispositivo che prese il nome di modem. Una volta instaurata la connessione tra il computer e la BBS, era possibile accedere ai vari servizi messi a disposizione.

L'accesso al computer centrale consentiva agli utenti di eseguire dei programmi informatici comuni, accedere ai dati di un database, partecipare alle discussioni con gli altri utenti mediante un sistema di messaggistica elettronica istantanea (***chat***) o asincrona (***forum, newsgroup, guestbook***), scaricare risorse e programmi, fare conferenze online e ricevere la posta elettronica, usare servizi telematici specializzati (biblioteche, pagine gialle, ecc.), acquistare merci o servizi (commercio elettronico), utilizzare e partecipare alle reti civiche, ecc.

Le BBS, che disponevano di un'interfaccia esclusivamente testuale, ebbero una notevole diffusione. Tanto che si istituì la "telematica" come branca di studio a sé stante.
Distinta, sia dalle "***telecomunicazioni***" che dall'"***informatica***".

Il cambiamento più importante arrivò nel 1990 al **CERN** (Centro Europeo per la Ricerca Nucleare) di Ginevra, dove **Tim Berners-Lee** e **Robert Cailliau** vennero incaricati di realizzare un sistema per la condivisione di dati tra utenti.

Figura 67 Tim Berners-Lee davanti al suo Pc presso il CERN, 1994

Basandosi sul concetto di *ipertesto*, essi diedero origine al linguaggio **HTML** (Hyper Text Markup Language) che consente, oltre che di gestire informazioni di diversa natura, anche di collegare diversi documenti tra di loro mediante opportuni link.

Questo linguaggio è divenuto lo strumento più potente per distribuire informazioni in Internet. Ha introdotto quell'architettura denominata **WWW** (World Wide Web). La "*ragnatela mondiale*" che consente la "*navigazione*", cioè la consultazione semplice e veloce degli archivi e dei documenti presenti nei computer della rete.

Con la nascita del web, le BBS persero di importanza e diventarono obsolete. Oppure si trasformarono in server provider o in siti web.
Nel 1993 il **NCSA** (Centro nazionale statunitense per il supercalcolo) realizzò "*Mosaic*", il primo browser per www ed il ***primo sito*** a cui connettersi.

La rapidissima evoluzione e lo sviluppo del web fecero nascere la **necessità di ordinare i vari portali. In modo tale da poterli organizzare e consultare.**

Le prime forme di catalogazione sul web diedero vita alla creazione delle "***directories***".
Delle guide ad inserimento manuale che suddividevano i vari portali classificandoli per contenuto. Ma nello stesso tempo permettevano anche di effettuare ricerche tra i vari siti che venivano raggruppati per tipologia.

Le più note furono Dmoz e Yahoo.

Con i primi programmi automatizzati in grado di scandagliare il web e fornire rapidamente tutta una serie di risultati pertinenti alla ricerca, l'inserimento manuale nelle directories venne rapidamente superato.

Nel giugno 1993 **Matthew Gray** introdusse il "***World Wide Web Wanderer***", il primo "***spider***" ("ragno", cioè un programma in grado di recuperare le parole sulla rete) e in risposta, nell'ottobre 1993, Martijn Koster creò "***Aliweb***".

Qualche mese dopo, basandosi su Aliweb, sei studenti di Standford svilupparono "*Excite*", il primo popolare motore di ricerca.

Nell'aprile 1994 **David Filo** e **Jerry Yang** crearono una directory con la raccolta delle loro pagine preferite. Con il loro progressivo aumento fu necessaria l'introduzione di sistemi di ricerca interni.

Figura 68 Jerry Yang & David Filo i creatori di Yahoo!

Il nome scelto originariamente per il sito fu "***Jerry and David's Guide to the World Wide Web***" (La guida di Jerry e David per il World Wide Web).

Presto fu però sostituito con "***Yahoo!***". Acronimo di "***Yet Another Hierarchical Officious Oracle***", scelto per il significato che la parola ha nella lingua inglese: rude, non sofisticato, selvaggio e sgraziato. Inizialmente venne ospitato sui due PC dei fondatori, chiamati **Akebono** e **Konishiki** come due leggendari lottatori di sumo.

In poco tempo, divenne un punto di riferimento per gli studenti della Stanford University e poi per la comunità internet.

Nell'autunno del 1994, Yahoo! raggiunse un milione di contatti al giorno, contando 100 mila visitatori unici.

Nel 1995, dato il successo riscontrato, David e Jerry andarono in cerca di un investitore in grado di supportare il loro progetto.
Lo trovarono in **Sequoia Capital**, che li finanziò con un investimento iniziale di *due milioni di dollari*. Nell'aprile del 1995 venne fondata la società **Yahoo!**.

Figura 69 Lycos

Nel luglio 1994 fu presentato un portale che da lì a poco sarebbe diventato quello con più pagine indicizzate (circa 60 milioni nel '96), il suo nome era **Lycos**.

Alla fine del 1994 venne introdotto **WebCrawler**, che fu il primo motore di ricerca ad indicizzare pagine intere. Nel 1995 fu avviato il progetto di **Altavista**, che forniva il servizio più completo del tempo. Grazie alla classificazione anche di musica, video e immagini. E che in brevissimo tempo raggiunse i venticinque milioni di utenti.

Ma, soprattutto, proprio nel 1998 nacque il motore di ricerca *Google*. Che assumerà via via un'importanza strategica per l'informatica moderna.

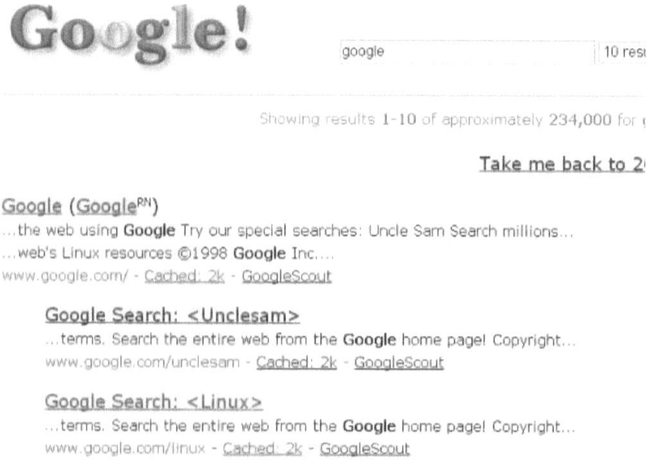

Figura 70 : La pagina di Google, così come si presentava nel 1988

INTERNET IN ITALIA È ARRIVATO DAL CIELO

"Non immaginavamo che da lì sarebbe partito un processo che ha portato tre miliardi di persone a collegarsi nel mondo e che quello fosse l'inizio della società dell'informazione", spiega **Stefano Trumpy**, a quel tempo direttore del *Cnuce*, che portò il nostro paese a quel traguardo storico. Insieme a lui c'erano **Luciano Lenzini**, appassionato scienziato e 'architetto' del progetto; **Antonio Blasco Bonito** e **Marco Sommani**, cuore tecnico di quell'avventura.

"Il primo segnale che ci ha collegato a quella che sarebbe diventata la più grande rete del mondo è partito da un bosco della Pennsylvania. Dalla stazione satellitare di Roaring Creek, è salito fino ad un satellite geostazionario sopra l'Oceano Atlantico, ed è sceso in picchiata fino alle antenne del Fucino, in Abruzzo. In un istante è arrivato fino a Pisa, in via Santa Maria 36, al Centro di Calcolo Elettronico, il "CNUCE", che allora era la mia casa scientifica."

Traspare ancora una grande emozione nelle parole di Luciano Lenzini, uno dei protagonisti di questo grande evento.
Era il **30 aprile del 1986** e l'Italia si era collegata a Internet, ma non se ne accorse nessuno, perché in quei giorni il mondo era attonito per la tragedia dell'esplosione della centrale nucleare di **Chernobyl**, avvenuta solo quattro giorni prima.
Nessun video dell'evento, nemmeno una foto, nessuna notizia sui giornali, solo un comunicato che qualche giorno dopo, con tutta calma, venne predisposto a **Pisa** e dal quale non si coglieva minimamente la portata di ciò che era avvenuto.

Si parlava in modo generico di collegamento di **Pisa ad Arpanet**, la rete che era nata negli Stati Uniti nell'ottobre del 1969 per collegare i computer di molte università americane.

Ma ecco alcuni brevi tratti di questa grande avventura...

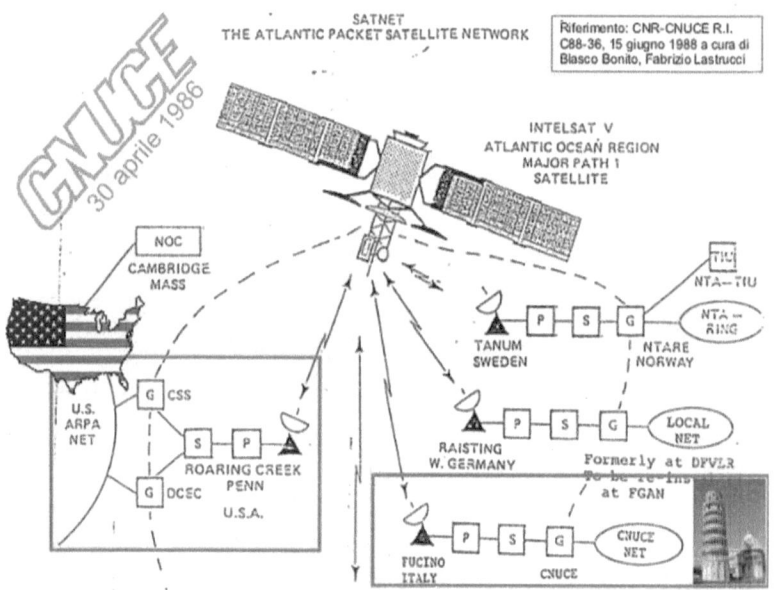

Il **CNR** (Consiglio Nazionale delle Ricerche) decise di inviare Lenzini al centro scientifico **IBM** di Cambridge, per affinare le sue conoscenze sulle architetture di rete.
Quando egli arrivò a *Boston*, nel 1973, la rete **Arpanet funzionava da poco più di tre anni e gli americani stavano lavorando incessantemente sul perfezionamento del protocollo tcp/ip**, il protocollo su cui si regge Internet, e avevano fissato per il 1° gennaio 1983 la data in cui tutti i computer delle varie reti lo avrebbero adottato. Alla fine degli anni '70 Lenzini stava lavorando con il prof. **Peter Kirstein** della University College of London.

"Vado a trovarlo nel 1979, mi mostra l'impianto internet della University College of London e mi fa una domanda molto semplice... Luciano, perché non vi collegate anche voi a Internet, così possiamo collaborare in modo più proficuo?"

Rientrato in Italia Lenzini ne parlò con i suoi capi, gli allora direttori del Cunce, e la risposta fu positiva.
Scrisse subito una lettera a **Bob Kahn** chiedendo di poter partecipare e gli americani risposero subito di sì.
In seguito, Kahn venne personalmente a Roma, al Cnr, per essere

ascoltato dai rappresentanti della *Commissione Nazionale per l'Informatica*, che doveva stanziare il budget.

Cosa che fu fatta: ***510 milioni di lire furono allocati, circa 250 mila euro di oggi***.
Insomma, nel 1981 era fatta:

Lenzini e Kahn su un foglietto "***che ancora esiste***" avevano anche scarabocchiato la configurazione del primo nodo italiano.

Ma i problemi dovevano ancora arrivare, muovere la burocrazia italiana fu una vera impresa. Blasco Bonito ha catalogato tutto in una pesante cartella di documenti intitolata "***Arpanet-Burocrazia***".
A quel punto Lenzini con un paziente lavoro dovette mettere d'accordo **Sip** (L'attuale TIM), **Italcable**, **Telespazio** e **Ministero della Difesa**: quest'ultimo per la verità disse subito sì, ma con gli altri fu difficile spiegare l'importanza di una cosa che non c'era, nei termini in cui poi si è rivelata, nemmeno nella testa di Cerf e Kahn (i creatori del protocollo tcp/ip).
Ci vollero tre anni di lavoro per mettere tutti d'accordo, e quando tutto fu pronto, ci si rese conto che la tecnologia immaginata e acquistata era già diventata obsoleta.

Dall'America arrivò la notizia che per sostenere il traffico dati serviva il "***Butterfly Gateway***" ... (Un calcolatore nero, e potentissimo, costituito da 256 processori, collegati a farfalla – da cui il nome Butterfly -, grande come un frigorifero e dal costo sicuramente molto più elevato di quello previsto).

*Figura 71
Luciano Lenzini*

"Fui preso dallo sconforto" racconta Lenzini.

"Avrei dovuto ricominciare l'iter burocratico da capo. Mi dissi: basta, mi ritiro, anche se questa cosa l'ho ideata e voluta io, anche se ci ho dedicato molti anni della mia vita, mi ritiro."

Invece di inviare un messaggio per comunicare la sua decisione, Lenzini ritenne però corretto informare personalmente i membri dell'ICB (International Cooperation Board).
Volò a Washington con l'intenzione di dire che si sarebbe arreso, che l'Italia si ritirava. Alla riunione però le cose andarono diversamente, Kahn, dopo aver ascoltato la comunicazione di Lenzini, chiamò la pausa caffè in anticipo, confabulò con Cerf, e tornato in sala disse:

"Luciano, ci pensiamo noi, vogliamo che il CNUCE ci sia, il Butterfly lo finanzia il Dipartimento della Difesa USA"

Visto con gli occhi di adesso, certo la burocrazia del nostro Paese non fece una gran bella figura, ma Lenzini era felice lo stesso: Internet sarebbe arrivata in Italia.
In quella grande corsa alla digitalizzazione, i nostri connazionali si erano guadagnati una grande stima "*sul campo*", e questo fu la molla che fece arrivare Internet in Italia.

A livello stampa fu poi un vero disastro!

Nonostante fosse stato emesso un comunicato, nessun quotidiano riportò la notizia. Seguì un "*silenzio radio*" durato trent'anni, interrotto il 26 maggio 2006 dall'Università di Pisa che su proposta di Lenzini, conferì a Vint Cerf e a Bob Kahn la Laurea Honoris Causa in Ingegneria Informatica.

Da notare che il 16 febbraio del 2005, Vinton Cerf and Robert Kahn erano stati insigniti del ***Turing Award*** per il loro lavoro visionario sul TCP/IP. Il Turing Award è considerato il "***Premio Nobel per l'Informatica***"

"Per concludere, anche se il nodo italiano diventò operativo il 30 aprile del 1986, per me la partita era già stata vinta quando il

Butterfly arrivò alla dogana dell'aeroporto di Pisa. Convincere la dogana a far passare quel computer come regalo del Dipartimento della Difesa USA non fu per niente facile, ci vollero diversi mesi prima che il butterfly gateway fosse sdoganato."

Questa grande storia ha vissuto nell'ombra per trent'anni, e precisamente fino al 30 aprile 2016, quando è stato indetto l'Italian Internet Day, e per il quale è stato prodotto il film documentario **"Login il giorno in cui l'Italia scoprì internet"**, prodotto da **RaiCultura**, firmato da **Riccardo Luna** e **Alice Tomassini**. Vi invito a guardare su YouTube la versione ridotta del film della durata di 20 minuti.

Figura 72 Nella foto, da sinistra: Marco Filippeschi, Luciano Lenzini, Antonio Blasco Bonito, Stefano Trumpy, Massimo Augello, Domenico Laforenza.

BILL GATES E LA MICROSOFT

Alla fine degli anni Sessanta, ogni pomeriggio, un gruppetto di ragazzi di Seattle si incontrava davanti alla scuola, la Lakeside Highschool, alla periferia della città, e partiva in bicicletta alla volta di una società poco distante. Per i ragazzi era l'inizio di una lunga nottata; si consideravano il "***turno notturno non ufficiale***" e lavoravano fino al tramonto con l'unico scopo di imparare a utilizzare quei computer. Potrebbe cominciare così la storia di **Bill Gates**. Il suo nome completo è *William Henry Gates III*; è figlio di **William Gates**, un procuratore, e di **Mary Maxwell**, insegnante all'Università di Washington e presidente della United Way International (un'organizzazione che ha come scopo l'avanzamento del bene comune, creando opportunità di vita migliore per tutti, puntando su istruzione, reddito e salute).

Ciò che da sempre lo ha contraddistinto è stata la volontà di essere il numero uno.
Bill Gates è una persona estremamente tenace che punta al proprio obiettivo. La radice di questa volontà ferrea derivò senza dubbio dall'educazione ricevuta in famiglia, dove egli veniva costantemente incoraggiato a competere, anche ad esempio con i propri fratelli. Complice della sua formazione fu anche l'atmosfera ricca di speranze e di sogni del periodo in cui Bill era adolescente. Nella seconda metà degli anni Sessanta, i giovani volevano cambiare il mondo ed avevano grandi sogni e grandi ideali.
La realizzazione delle grandi ed importanti imprese tecnologiche stimolava molto la fantasia ed elettrizzava gli animi, non ultimo tra i tanti eventi fu lo sbarco sulla luna. La famiglia di Bill partecipò nel 1962 alla ***fiera di New York***, dove egli vide per la prima volta i computer. Quella fiera influenzò talmente il giovane Bill che egli vi tornò spesso. I genitori, almeno inizialmente, avrebbero voluto per lui degli studi giuridici, ma i suoi scarsi risultati scolastici li convinsero a desistere. Ritennero che avesse bisogno di un ambiente più stimolante e decisero di iscriverlo alla prestigiosa scuola privata di **Lakeside** a nord di Seattle. Fu in quegli anni che Gates, con i suoi compagni di corso, ebbe accesso per la prima volta a un computer, un ***DEC PDP-11*** di proprietà della ***Computer Center Corporation***, di cui la scuola aveva affittato un certo numero di ore di utilizzo, con lo scopo di scoprire e correggere i bug.

Proprio a scuola, Bill conobbe **Paul Allen,** con cui stabilì subito un buon feeling. Allen è figlio del direttore delle biblioteche di Washington e aveva letto praticamente di tutto, in particolare "*libri che spiegano le cose*"; conosceva quindi come si costruiscono e funzionano le "*cose*". Lo scibile di Allen fu uno strumento prezioso per l'opera di Gates.

Figura 73 Bill Gates e Paul Allen - foto http://www.fashiontimes.it

Bill Gates e Paul Allen furono letteralmente stregati da quel computer, tanto che cominciarono a presentarsi in ritardo alle lezioni e poi a saltarle totalmente.

Dove trascorrevano il tempo non era certo un segreto; era infatti sufficiente aprire la porta dell'aula del computer per trovarli intenti a scrivere programmi e leggere qualsiasi cosa potesse essere utile all'apprendimento dell'informatica.

I problemi con la facoltà iniziarono quando ci si accorse che, in poche settimane, essi avevano esaurito tutte le ore di affitto dell'elaboratore, che la scuola aveva acquistato pensando fossero più che sufficienti per tutto l'anno scolastico.

Si racconta (*fonte*: la testata **Business Insider**, nel 2011) che essi, in quanto studenti, non avevano accesso a più informazioni di quante ne venivano concesse ai comuni dipendenti dell'azienda. Ma questo ai ragazzi non bastava; volevano conoscere fino in fondo i segreti di quelle macchine.

Spinti da questo desiderio di conoscenza, una notte i due decisero di farsi una *"nuotata"* nella spazzatura della C-al cubo (Il nomignolo con cui veniva chiamata la Computer Center Corporation), alla ricerca di codici sorgente. La ricerca andò a buon fine e i due riuscirono a reperire manuali e schede tecniche riguardanti il calcolatore. Vennero in questo modo a conoscenza di numerosi "***segreti***" sulla macchina. In realtà fu solo Bill, essendo più agile e leggero, a tuffarsi nel cassonetto. Allen gli fornì soltanto la necessaria "***spinta***" e tutto il supporto morale del caso.

Figura 74 : I cofondatori di Microsoft, Paul Allen e Bill Gates all "annual PC Forum", Phoenix, in Arizona, il 25 Febbraio 1987. - foto - ABC News

Nell'autunno del 1968, la scuola si accordò con una nuova società per un altro computer da assegnare agli studenti. Per il gruppo fu una specie di benedizione, nuovo materiale su cui "***smanettare***". Anche in questo caso, in breve tempo essi riuscirono a capire come utilizzare il sistema e divennero così abili che riuscirono persino a modificare i documenti che riportavano il numero di ore di utilizzo del calcolatore. Furono però scoperti e allontanati dal computer per alcune settimane.

Verso la fine del 1968, Bill, allora tredicenne, e Paul, quindicenne, decisero di formare il "***Lakeside Programmers Group***" e cominciarono a lavorare per la Computer Center Corporation's (proprio la società proprietaria dell'elaboratore e che li aveva banditi!). I responsabili della società, impressionati dall'abilità con cui essi erano in grado di "*assaltare*" il sistema, decisero di assumerli per trovare i punti deboli nel software. Come compenso, il gruppo ottenne la possibilità di usare la macchina a tempo indeterminato.

Il Lakeside Programmers Group era stato assoldato solamente per scovare i bug del sistema, ma in quel modo, essi ebbero accesso a tutta la documentazione tecnica, dalla quale appresero informazioni fondamentali che potevano testare direttamente sulla macchina. Gates commentò più tardi:

"È stato quando abbiamo finalmente avuto a disposizione un computer tutto per noi alla 'C al cubo', che siamo finalmente entrati nella logica del sistema".

Verso la fine del 1969, la Computer Center Corporation's iniziò ad avere problemi finanziari, per cui il Lakeside Programming Group's fu costretto a trovare nuove risorse. Una prima occasione venne offerta loro dalla "***Information Sciences Inc.***" (ISI), che li assunse per scrivere dei programmi di calcolo dei cedolini paga, promettendo anche un piccolo guadagno.

Nel 1972, Bill e Paul fondarono la loro prima società, la "***Traf-O-Data***". Tra i primi incarichi che ottennero, ci fu la progettazione di un software per misurare il traffico stradale, per il quale ricevettero un compenso di ventimila dollari. Subito dopo, la piccola società ricevette l'incarico di informatizzare il sistema di gestione della scuola, per un compenso di quattromila e duecento dollari. Sembra però che in quell'occasione, il giovane Bill, che non era affatto interessato a fare bella figura con preside e docenti, provvide anche a manipolare la programmazione dei corsi in modo da posizionarsi all'interno di una classe con dodici ragazze e nessun altro ragazzo.

Nell'estate dello stesso anno, il diciassettenne Gates andò a Washington per seguire uno stage al senato, esperienza che gli sarebbe tornata utile anni dopo. Negli ultimi anni di scuola, la **TRW Automotive** (società che progetta e realizza sistemi per la sicurezza automobilistica) li reclutò con lo scopo di trovare le debolezze del loro sistema, ma anche di programmarne i rimedi. A Lakeside, Gates, Allen e un loro amico, **Paul Gilbert**, esperto nel cablaggio, costruirono un loro computer, usando il processore 8008. Il gruppo ebbe l'opportunità di fare una dimostrazione, ma dopo il fallimento della prova, l'idea di fondare una società per produrre computer fu abbandonata.

Nell'autunno del 1973, Bill Gates si diplomò a Lakeside e fu ammesso alla **Harvard University**, dove si iscrisse alla facoltà di giurisprudenza e frequentò anche il corso di matematica. Non ottenne grandi risultati, ma in compenso si guadagnò una discreta reputazione come *nottambulo del poker*. Allen raccontò di aver visto Bill Gates perdere e vincere centinaia di dollari nel corso di quelle notti, ma aggiunse anche che il gioco continuo e reiterato gli consentì di acquisire una capacità che gli tornerà utile in futuro: *l'arte del bluff*.

I suoi compagni di corso dell'epoca ricordano che trovava la maggior parte dei corsi poco coinvolgenti e li affrontava facendo affidamento solo sulla sua intelligenza, come nel caso dell'esame di letteratura greca, dove non avendo mai studiato nulla tutto l'anno, si preparò in una notte e si addormentò in aula per una buona parte dell'esame, ma riuscì comunque a passarlo con un buon voto.

Bill era una persona molto attiva e non smetteva praticamente mai di dedicarsi alla sua passione; tra le lezioni e il tempo passato al computer, era impegnato praticamente ventiquattro ore al giorno. **Steve Ballmer** (che diventerà più avanti Presidente di Microsoft) raccontò in un'intervista che "*ai tempi dell'università spesso capitava che egli entrasse nella stanza, si buttasse completamente vestito sul letto sempre e costantemente sfatto e si addormentasse lasciando persino la porta aperta, poi quando si sentiva riposato, scattava di nuovo in piedi, pronto a ricominciare, fresco come una rosa*".

Sebbene la vita sociale per Bill non fosse una priorità, in università riuscì a farsi qualche amico e ogni tanto usciva con qualche ragazza. Eccelleva in matematica, ma quando scoprì di non essere il numero uno in questa materia, decise di non diventare un matematico.

Nell'estate del 1974 ci fu la svolta: Paul Allen, che si era trasferito a Boston per lavorare alla Honeywell, *vide sul numero di gennaio del 1975 della rivista Popular Electronics la pubblicità del computer Altair 8800, definito il primo "mini computer" del mondo*. Paul corse da Bill e gli fece vedere la rivista. Avevano scritto programmi in Basic fin dai tempi delle scuole inferiori e avevano intuito che l'Altair era abbastanza potente per supportare un interprete di questo linguaggio.

Immaginatevi il loro entusiasmo: entrambi si resero conto che il mercato dei personal computer stava per esplodere e ci sarebbe voluto il software per le nuove macchine. L'Altair era stato realizzato da una piccola ditta che si trovava ad Albuquerque, nel New Messico. Gate e Allen si misero in contatto con *Ed Roberts*, il proprietario, e fissarono un incontro presso la sede della società. Il Basic era disponibile anche sulle macchine **DEC**, su cui essi avevano accesso, e Gates, sfruttando gli strumenti di sviluppo che avevano creato per il loro precedente computer *Traf-O-Data*, iniziarono a lavorare al progetto. *Allen sviluppò un simulatore dell'Altair sul PDP-10* dell'università, in modo da poter avere un ambiente di lavoro a disposizione e dopo otto settimane di lavoro ininterrotto, produssero le modifiche necessarie. In quel periodo al gruppo si aggiunse anche **Monte Davidoff**, che scrisse svariati pacchetti matematici.

Figura 75 : Il Basic 1.0, realizzato su una scheda perforata

Quando Allen fu sull'aereo che lo avrebbe portato ad Albuquerque per presentare il software a Ed Roberts, si rese conto che avevano dimenticato di scrivere il **bootloader**, cioè il programma in grado di avviare il software, ed egli si mise a scriverlo direttamente durante il volo.

Superata la prova, la società decise di acquistare il software, che venne commercializzato col nome di "**Altair Basic**". Per quel programma, essi ricevettero la somma di tremila dollari in contanti ed una **royalty per ogni copia venduta del Basic** suddivisa nel modo seguente: trenta dollari per la versione da 4K, trentacinque dollari per quella da 8K e sessanta dollari per la versione estesa. Il contratto poneva a centottantamila dollari la cifra massima che MITS avrebbe sborsato. La società di Bill, inoltre, concesse il diritto a MITS di godere in esclusiva mondiale del Basic per 10 anni ed ottenne l'accesso ad un PDP-10 per svilupparne l'interprete.

Nell'aprile 1975, fondarono ufficialmente la **Micro-Soft Corporation** (il trattino nel nome venne eliminato solo più tardi).
In seguito all'esito positivo delle vendite dell'Altair Basic, Gates e Allen si trasferirono ad Albuquerque, nelle vicinanze della sede del MITS, per scrivere un programma in grado di connettere l'Altair con un'unità a disco.
Allen si licenziò da Honeywell e fu assunto come vicepresidente e responsabile software presso MITS, con un salario di trentamila dollari annui, mentre Gates, che continuò a frequentare l'università, fu inquadrato come consulente della società.
La newsletter del mese di ottobre del 1975 di MITS lo indicava come "*specialista software*".

Il prezzo per l'Altair Basic venne fissato intorno ai centocinquanta dollari, prezzo che fu ritenuto eccessivo per gli hobbisti dell'**Homebrew Computer Club**.
Così, durante una delle presentazioni dell'Altair che si tennero in vari Stati degli USA, un affiliato del club sottrasse una copia del software e la distribuì agli altri membri, i quali iniziarono a farne delle copie su nastro, tema tra l'altro in perfetta linea con la filosofia hacker del club. Fu in questo periodo che Bill Gates scrisse la sua ormai celebre "**Lettera aperta agli hobbisti**", nella quale in buona sostanza il diciannovenne studente-imprenditore accusava l'Homebrew di furto e delineava chiaramente quali erano le sue idee su come il software doveva essere distribuito e protetto intellettualmente. Nella lettera si introduce infine un concetto che in futuro verrà definito come "**Pirateria Informatica**". La giornalista esperta di informatica Esther Dyson lo definì "**Un uomo d'affari in mezzo ad una massa di pirati informatici**".
Un tempo i PC erano oggetti di nicchia e il profitto era dato principalmente dalla vendita dell'hardware; il software era condiviso e modificato da tutti liberamente, nessuno si sarebbe sognato di farlo pagare tanti soldi o, peggio ancora, di impedire agli altri appassionati di modificarlo.

-2-

February 3, 1976

An Open Letter to Hobbyists

To me, the most critical thing in the hobby market right now is the lack of good software courses, books and software itself. Without good software and an owner who understands programming, a hobby computer is wasted. Will quality software be written for the hobby market?

Almost a year ago, Paul Allen and myself, expecting the hobby market to expand, hired Monte Davidoff and developed Altair BASIC. Though the initial work took only two months, the three of us have spent most of the last year documenting, improving and adding features to BASIC. Now we have 4K, 8K, EXTENDED, ROM and DISK BASIC. The value of the computer time we have used exceeds $40,000.

The feedback we have gotten from the hundreds of people who say they are using BASIC has all been positive. Two surprising things are apparent, however. 1) Most of these "users" never bought BASIC (less than 10% of all Altair owners have bought BASIC), and 2) The amount of royalties we have received from sales to hobbyists makes the time spent of Altair BASIC worth less than $2 an hour.

Why is this? As the majority of hobbyists must be aware, most of you steal your software. Hardware must be paid for, but software is something to share. Who cares if the people who worked on it get paid?

Is this fair? One thing you don't do by stealing software is get back at MITS for some problem you may have had. MITS doesn't make money selling software. The royalty paid to us, the manual, the tape and the overhead make it a break-even operation. One thing you do do is prevent good software from being written. Who can afford to do professional work for nothing? What hobbyist can put 3-man years into programming, finding all bugs, documenting his product and distribute for free? The fact is, no one besides us has invested a lot of money in hobby software. We have written 6800 BASIC, and are writing 8080 APL and 6800 APL, but there is very little incentive to make this software available to hobbyists. Most directly, the thing you do is theft.

What about the guys who re-sell Altair BASIC, aren't they making money on hobby software? Yes, but those who have been reported to us may lose in the end. They are the ones who give hobbyists a bad name, and should be kicked out of any club meeting they show up at.

I would appreciate letters from any one who wants to pay up, or has a suggestion or comment. Just write me at 1180 Alvarado SE, #114, Albuquerque, New Mexico, 87108. Nothing would please me more than being able to hire ten programmers and deluge the hobby market with good software.

Bill Gates

Bill Gates
General Partner, Micro-Soft

Figura 76 "Lettera aperta agli hobbisti" che Bill Gates scrisse ai menbri dell Homebrew Computer Club

Molta della genialità di Gates fu quella di creare profitto da un software proprietario, creando un sistema di mercato molto simile a quello dei libri o della musica.
Grazie a questi nuovi introiti, furono assunti alla Microsoft Marc ***McDonald*** e ***Ric Weiland***, due ex studenti del Lakeside.

Ed Roberts, che aveva evidentemente sottovalutato la portata delle royalty sulla vendita del software, non fu affatto contento delle cifre che puntualmente era costretto a sborsare alla società e di conseguenza, fece guerra aperta alla Microsoft.
Era un omone di quasi due metri e pesava 136 chili; spesso utilizzava questa sua imponenza fisica per far paura agli avversari in affari, ma Bill Gates, che al tempo aveva diciannove anni ed era di corporatura gracile, non si fece certo spaventare e non si sottrasse mai dal confronto faccia a faccia con questo gigante.

L'ultimo scontro tra i due ebbe luogo nel maggio del '77, quando Ed Roberts venne costretto dalle difficoltà economiche a vendere la MITS ad un'altra ditta, la Pertec.
Bill gli fece causa ed ebbe inizio la battaglia giudiziaria in merito ai *diritti di proprietà intellettuale del Basic*, del quale la Pertec rivendicava i diritti in seguito all'acquisizione della MITS. Gates ed Allen sostenevano invece che il Basic era stato dato solamente in concessione. Alla fine, il giudice diede ragione alla Microsoft.

La società realizzò altri programmi ed ottenne un discreto successo, tanto che il 1° gennaio del 1979, la sede si spostò a *Seattle* (Washington) e l'organico passò da tre a *ventotto dipendenti*. A quel tempo il fatturato crebbe da sedicimila a due milioni e quattrocentomila dollari. All'inizio Gates si occupò direttamente delle vendite e in molte occasioni sfruttò la popolarità e gli agganci della madre per poter piazzare i prodotti dell'azienda.
Anche il contatto con IBM derivò dalle influenti conoscenze di Mary. Nelle assunzioni, Gates preferì sempre persone intelligenti e senza precedente esperienza di lavoro. L'espansione portò allo sviluppo, nel 1982, di un foglio di calcolo elettronico, "***Multiplan***", sviluppato per ***Apple-II*** e per ***PC*** con sistema operativo ***CP/M***, e poi di ***Microsoft Word*** nel 1983. Una delle affermazioni di Bill Gates che si riferiscono a quel periodo fu la seguente:

"Fui bocciato in alcune materie agli esami, ma il mio amico passò in tutte. Ora lui è un ingegnere alla Microsoft, mentre io sono il proprietario della Microsoft".

JOBS, WOZ E LA NASCITA DELLA MELA

"Il vostro tempo è limitato, quindi non sprecatelo vivendo la vita di qualcun altro. Siate affamati, siate folli, perché solo coloro che sono abbastanza folli da pensare di poter cambiare il mondo lo cambiano davvero."

(12 giugno 2005, il discorso di auguri ai laureandi di Stanford)

Lo so, scrivere di Steve Jobs in questi tempi rischia di essere un'operazione complicata, dopo la sua scomparsa nell'ottobre 2011. Della sua vita è stato raccontato praticamente tutto; sono state pubblicate autorevoli biografie e prodotti diversi film sulla sua incredibile vita.

Figura 77 Jobs e Wozniak nel Garage

Ma in fondo non si può scrivere della storia dei computer se non si fa qualche, seppur breve, accenno alla vita di un uomo senza dubbio carismatico. **Steven Paul Jobs** nacque il 24 febbraio 1955 a Green Bay, in California, da *Joanne Carole Schieble* di origine svizzera e *Abdulfattah "John" Jandali* (studente di origine siriana che sarebbe diventato più tardi professore di scienze politiche).

Essendo ancora giovani studenti universitari, decisero di darlo in adozione. Così Steve venne adottato da *Paul e Clara Jobs*, della Santa Clara Valley, sempre in California. Il padre adottivo all'epoca faceva il meccanico per auto e la madre era una contabile.

Solo nel 1986 Jobs scoprì di avere una sorella naturale, **Mona Simpson**, che diventerà un'affermata scrittrice. I due fratelli scoprirono l'esistenza l'uno dell'altro dopo che entrambi, indipendentemente e nello stesso periodo, avevano richiesto a un'agenzia investigativa un'indagine sulla famiglia di origine. Trascorse l'infanzia in California e lì iniziò i primi studi, denotando brillanti capacità scientifiche.

Durante un'intervista rilasciata a **Bob Cringely** nel 1995 per la serie televisiva "*Triumph of the nerds*" e riportata integralmente solo qualche anno fa (reperibile presso il sito "*Feltrinelli real cinema*" - www.realcinema.it - con il titolo: *Steve Jobs: l'intervista perduta*), raccontò il suo "*incontro*" con i computer.

*"Ne ho visto uno per la prima volta a dieci o undici anni... nessuno aveva mai visto un computer, si conoscevano grazie ai film dove si vedevano grosse scatole rumorose che assomigliavano a delle unità a nastro magnetico piene di lucine; per qualche motivo tutti se li immaginavano così. Erano oggetti misteriosi, apparecchi molto potenti che lavoravano nell'ombra e avere la possibilità di vederlo in funzione era un vero privilegio. Io sono entrato alla **NASA** e ho iniziato a usare un sistema operativo in time-sharing..."*

Cioè un semplice terminale collegato al vero e proprio computer che stava in un'altra stanza...

"... Perciò non avevo ancora visto un vero e proprio computer... era davvero primitivo, non aveva uno schermo, era una sorta di stampante, una telescrivente con una tastiera su cui digitavi dei comandi e poi dopo un po' con un gran rumore veniva stampato il risultato. Ma era comunque una cosa straordinaria, soprattutto per un ragazzino... poter creare un programma, diciamo in Basic o in Fortran... questa macchina prendeva la tua idea, in qualche modo la realizzava e ti dava un risultato... e se il risultato era quello che avevi previsto, allora il programma funzionava. Sono stato davvero conquistato dal computer, anche se per me restava un progetto misterioso perché si trovava all'altro capo del filo e non l'avevo ancora visto. Dopo quella volta però ho avuto la possibilità di vedere anche l'interno di un computer."

Nella stessa intervista, raccontò anche di quando, dodicenne, telefonò a Bill Hewlett, uno dei cofondatori della Hewlett-Packard.

"Allora i numeri di telefono erano tutti nell'elenco, mi è bastato cercare il suo nome, ha risposto e gli ho detto, Mi chiamo Steve Jobs, lei non mi conosce, ho dodici anni e sto costruendo un frequenzimetro, mi servono dei pezzi di ricambio! - Abbiamo parlato per una ventina di minuti. Non lo dimenticherò finché vivrò. Oltre ai pezzi che cercavo, mi ha anche offerto un lavoro estivo. Avevo 12 anni e quell'esperienza mi ha influenzato molto, la HP ha formato la mia visione di una compagnia e del modo in cui trattare gli impiegati."
(Steve Jobs: L'intervista perduta)

In seguito all'offerta di Bill Hewlett, Steve iniziò a frequentare il centro di ricerca di HP a Palo Alto, partecipando agli incontri che si tenevano il martedì sera. Queste riunioni erano riservate a un ristretto gruppo di persone e qui il giovane Steve ebbe l'occasione di conoscere, scambiare idee, ma soprattutto di imparare direttamente dai ricercatori dell'azienda.

Fu proprio in uno di quegli incontri che ebbe modo di vedere lo "**Hewlett-Packard 9100**", ve lo ricordate? Proprio il modello che si "*ispirò*" alla Programma-101 di Olivetti.

Figura 78 Lo Hewlett-Packard 9100 - considerato il primo personal computer della storia

"Era grande più o meno come una valigia, con un piccolo schermo a tubo catodico e soprattutto autonomo, senza fili nascosti che portavano a elaboratori più grandi."

Era in grado di programmare in Basic o in Apl, e il giovane Steve se ne innamorò subito e spesso andò alla HP per passare ore a programmare. In quel periodo (quando aveva all'incirca quattordici anni), conobbe Steve Wozniak che aveva circa cinque anni in più.

"... Ci siamo capiti al volo, era l'unico che ne sapesse più di me di elettronica."

Si diplomò a 17 anni, nel 1972, alla *Homestead High School* di Cupertino, luogo dove nasceranno i quartieri generali della sua futura azienda.

Nello stesso anno Jobs si iscrisse al *Reed College* di Portland, con lo scopo di inseguire la sua principale passione, l'informatica. Egli però non percorse per molto tempo la via accademica, in quanto, dopo un semestre, abbandonò l'università per iniziare a lavorare in Atari come programmatore di videogiochi.

Nel 1975, **Al Alcorn**, un ingegnere di Atari, venne messo a capo del progetto per la costruzione del videogioco **Breakout** (Avete presente? Il famosissimo gioco in cui lo scopo è quello di abbattere un muro di mattoni posto nella parte superiore dello schermo, facendo rimbalzare una pallina per mezzo di una piccola barra). Cominciò lo sviluppo del software e chiese a Jobs di migliorare il prototipo dell'hardware pattuendo un compenso di *settecentocinquanta dollari*, più un eventuale bonus di *cento dollari* per ogni chip utilizzato in meno rispetto agli schemi originali.

In quel periodo, Jobs frequentava anche le riunioni per "**smanettoni**" che si tenevano all'**Homebrew Computer Club**, ad una di queste incontrò nuovamente *Steve Wozniak*, che nel frattempo aveva continuato a lavorare per la *Hewlett Packard*.
Jobs, conoscendo l'abilità dell'amico, gli chiese di lavorare con lui al progetto dividendo a metà il compenso. Wozniak accettò, nonostante non avesse nessuno schema in mano e fu costretto a progettare il suo prototipo basandosi solo ed esclusivamente sulle informazioni fornite da Jobs.

Per poter rispettare la data di consegna del progetto, egli lavorò ininterrottamente per quattro giorni, ma alla fine il risultato fu incredibile: ***realizzò una scheda con cinquanta integrati in meno*** *rispetto al progetto originale*. Questo risultato fruttò a Jobs cinquemila dollari, ma egli divise solamente la cifra iniziale con l'amico e non gli disse nulla riguardo al bonus.

Il prototipo di Wozniak non venne utilizzato per la produzione in serie perché, pur prevedendo solo quarantadue integrati, era estremamente complesso da riprodurre. Gli ingegneri di Atari ne ottennero una versione semplificata, che prevedeva cento integrati, ma che era più semplice da replicare.

Alla fine di questo lavoro, non appena racimolati i soldi necessari (Probabilmente i soldi del "*bonus*" non condivisi con Wozniak), Jobs partì per un viaggio in India. Al suo ritorno, nell'aprile del 1976, coinvolse **Steve Wozniak** e **Ronald Wayne** (Un altro programmatore conosciuto in Atari) nella costruzione di un computer.

Dal momento che nessuno aveva soldi da investire nel progetto, trovarono tutti i componenti rivolgendosi alle aziende di elettronica nella zona e assemblarono tutto a mano. Il progetto completo richiese dalle quaranta alle ottanta ore di lavoro.

"... Poi anche i nostri amici volevano costruirne uno, anche loro potevano rimediare pezzi in giro, ma non avevano le nostre stesse competenze per costruirli... è andata a finire che li abbiamo aiutati ma ci occupava molto tempo, così abbiamo pensato: - Se potessimo realizzare una scheda a circuito stampato, un pezzo di fibra di vetro con del rame alle estremità potremmo aiutarli a costruire un computer in poche ore invece di quaranta. Avremmo potuto venderla a tutti i nostri amici e avere così i fondi per costruire i nostri computer."

Per finanziarsi, Jobs vendette il suo pulmino Volkswagen e Wozniak la propria calcolatrice, ricavando il necessario perché un amico costruisse una scheda.

Sì, lo so che sembra strano, ma non crediate che la calcolatrice di Woz (come lo chiamavano gli amici) sia una cosuccia da nulla; ha una sua storia... che dite, ve la racconto? Ma sì!!!

Nel 1962, un ingegnere della Fairchild regalò alcuni transistor all'allora dodicenne Steve. Con questi egli costruì una calcolatrice scientifica, saldando i vari componenti nel cortile della sua casa di Cupertino. Con questa calcolatrice partecipò a una fiera scientifica vincendo il primo premio per la categoria "*elettronica*".

Il loro primo computer fu battezzato "**Apple**", come il frutto della conoscenza; era un nome semplice, ma allo stesso tempo sofisticato e, inoltre, nell'elenco telefonico veniva prima di Atari.
Venne presentato nell'aprile 1976 all'Homebrew Computer Club, ottenendo un discreto successo. Al termine della presentazione, Jobs riuscì a prendere contatti con il proprietario di un negozio di computer della zona, il "**Byte Shop**" a Mountain View, che fu uno tra i primi negozi di elettronica al dettaglio.

Il gestore, **Paul Terrell**, ne comprò cinquanta esemplari pagandoli cinquecento dollari l'uno, ma lui non intendeva venderli in scatola di montaggio, li voleva tutti montati. Per non perdere il cliente, Jobs e Wozniak dovettero lavorare intensamente per assemblare tutti i computer. In una frase riportata nel film "***I pirati della Silicon Valley***", Wozniak esclama:

"*Stiamo lavorando più duramente dei nostri padri, e prima ridevamo di quanto lavorassero loro!*"

Apple-1 fu commercializzato da luglio 1976 all'agosto 1977, inizialmente al costo di 666,666 dollari (il numero della bestia), per una produzione complessiva di circa duecento esemplari.

Figura 79 Uno dei Rarissimi Apple-1con il "case"in legno

A parte i cinquanta esemplari assemblati nel garage, Apple-1 era semplicemente una scheda madre. Per ottenere un computer funzionante bisognava aggiungervi l'alimentatore, la tastiera e il display. Come accessorio era disponibile all'epoca anche un'interfaccia per cassette al costo di 75 dollari. All'epoca non esisteva un mercato di "*case*" per l'assemblaggio, per questo motivo molti Apple-1 vennero assemblati in contenitori di legno.

La scheda madre era molto semplice, conteneva solo trenta chip, ma questo non vuol dire che l'Apple-1 fosse poco evoluto. Fino a quel momento i microcomputer venivano programmati attraverso degli interruttori e il risultato dell'elaborazione veniva visualizzato tramite l'accensione dei LED.

Il progetto di Wozniak fu a dir poco rivoluzionario; *Apple-1 fu il primo computer che poteva essere programmato tramite una tastiera alfanumerica e i risultati venivano mostrati su uno schermo monocromatico con una risoluzione di 40 × 24 caratteri*. Il segnale video si presentava sul connettore di uscita come "*video composito*", alle stesse frequenze utilizzate dallo standard televisivo statunitense del tempo, quindi poteva essere visualizzato anche su un televisore.

A questo punto si presentò un problema: Wozniak lavorava anche per la **Hewlett-Packard**, e il suo contratto prevedeva che ogni sua invenzione dovesse essere prima visionata dall'azienda. Dovette quindi

presentare il progetto alla società.
Egli diligentemente lo presentò in HP; anzi, secondo quanto raccontato dallo stesso Wozniak durante un tour guidato presso il ***Computer History Museum***, offrì il progetto originale dell'Apple-1 ben cinque volte al suo datore di lavoro dell'epoca. In quanto egli, in fondo, in HP si trovava bene e non voleva giocare alle spalle dell'azienda, ma l'Apple-1 venne sempre rifiutato.

"*Che cosa dovrebbe farsene di un computer la gente comune?*" gli disse in più occasioni il referente dell'azienda.

Immaginatevi la loro felicità nel sentire una risposta del genere. Il concetto che il computer potesse essere per la "***gente comune***" era fuori dalla logica delle grandi aziende, mentre loro ne avevano intuito tutta la potenzialità.

Si stima che oggi siano sopravvissuti tra i trenta e i cinquanta Apple-1 ed il loro valore è in continua crescita. Nel 1999, ne venne venduto uno all'asta per cinquantamila dollari e nel novembre del 2010 un altro esemplare in perfette condizioni, completo di scatola e documentazione originale, con annessa la fattura di vendita firmata da Steve Jobs insieme a una sua lettera che risponde a domande tecniche sul computer, è stato acquistato dal collezionista italiano ***Marco Boglione*** in un'asta londinese per centocinquantaseimila euro. Boglione è il fondatore e presidente di ***BasicNet*** SpA, azienda proprietaria di una serie di marchi legati all'abbigliamento.

Come dire, se vi capitasse di svuotare qualche cantina e trovarci un computer fatto di legno, prima di metterlo nella stufa... beh, controllatelo attentamente!

Se Steve Jobs è stato, ed è tuttora, un personaggio famosissimo, la figura di Steve Wozniak, al quale a mio avviso si addice perfettamente la definizione di "***Simpatico Genio***", è probabilmente meno nota.

"***Woz***", così lo chiamavano gli amici, era una persona estremamente testarda e quando un problema attirava la sua attenzione, non c'era modo di distrarlo finché egli non l'avesse risolto. Era un "***Nerd***", senza dubbio, con una passione sfrenata per l'elettronica, ma di sicuro non soffriva di repulsione nei confronti del sociale; al contrario, era un grande burlone. Di lui si racconta che, mentre frequentava la Homestead High School, nascose un metronomo in un armadietto facendolo sembrare una bomba ad orologeria.

Quello scherzo gli costò tre giorni di sospensione, ma fu proprio in seguito a tale episodio che il suo professore di elettronica (John McCullan), decise di offrirgli un'opportunità adatta al suo genio. Egli riuscì infatti, ad accordarsi con la *Sylvania Electronics* e fece in modo che gli fosse concesso, una volta alla settimana, di poter andare presso gli stabilimenti della società per lavorare sui computer.

Una delle macchine utilizzate dal giovane era il **PDP-8** della DEC. Wozniak lesse tutto il manuale da cima a fondo, imparando le informazioni sul set di istruzioni della CPU, le prime nozioni di algebra booleana, imparò il concetto di registro, bit, ecc.

Questi argomenti incuriosirono Wozniak a tal punto che, di lì a poco, avrebbe creato da solo la sua versione del PDP-8.

Uno dei minicomputer al quale Wozniak si interessò maggiormente, era il "**Nova**" della Data General, prodotto nel 1969. Rimase affascinato dalla sua architettura, nella quale i programmatori erano riusciti a racchiudere tutta quella potenza utilizzando un limitato set di istruzioni.

Nell'estate del 1971, egli lavorò in una piccola società di computer nella quale restò fino all'autunno. L'estate successiva, insieme ad un compagno di studi, **Bill Fernandez**, Woz riuscì a recuperare dalle società locali gli integrati che venivano scartati per imperfezioni estetiche, con l'idea di costruire il suo primo computer.

I due lavorarono diversi mesi, fino a notte fonda, saldando connessioni e bevendo *cream soda*. Ne uscì una macchina che ribattezzarono appunto "**Cream Soda Computer**", con svariati interruttori e spie luminose, le stesse che avrebbe avuto tre anni più tardi l'Altair.

Chiamarono immediatamente un giornale locale per diffondere la notizia della loro impresa. Si presentarono un giornalista ed un fotografo, sentendo di avere a che fare con una possibile storia di ragazzi prodigio. Purtroppo, quando i due accesero il computer e iniziarono a digitare un programma, il Cream Soda Computer andò letteralmente in fumo.

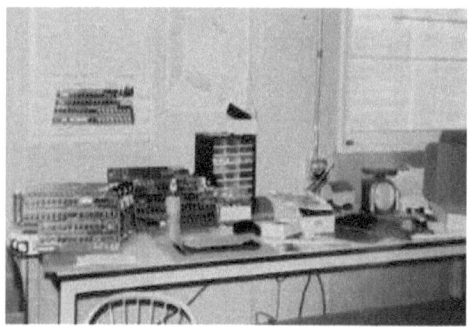

Figura 80 Una delle pochissime immagini della costruzione del "Cream Soda Computer"

Tra le altre cose, Woz inventò quella che egli chiamò la "***Blue Box***". Si tratta di un dispositivo elettronico capace di simulare il tono che avrebbe prodotto un telefono quando si inseriva una moneta, in modo tale da ottenere una chiamata gratuita. Wozniak realizzò la Blue Box da solo, utilizzando schemi trovati su una rivista di elettronica. Lui e Steve Jobs fecero amicizia grazie a questa "Blue Box".

Tra le altre cose, Woz inventò quella che egli chiamò *"Dial-A-Joke"*. Tutte le mattine, prima di andare a lavorare, memorizzava nella sua segreteria telefonica una barzelletta sui polacchi. In breve tempo il suo numero di telefono divenne il più occupato di tutta la baia di S. Francisco, e la compagnia telefonica fu costretta in più occasioni a bloccare la sua segreteria. Anche l'argomento delle barzellette fu molto discusso, tanto che il ***Polish American Congress***, gli scrisse una lettera chiedendogli di smettere.

Wozniak (che, tra l'altro, è di origine polacca) pensò bene, in quel periodo di prendere di mira gli italiani, ma non appena la tensione si calmò, tornò di nuovo a memorizzare le barzellette sui polacchi

IL MONDO CAMBIA IN FRETTA

Bene, la nostra storia, fino a questo momento, ci ha fatto viaggiare in bilico tra due mondi paralleli: quello della nascente e piccolissima Apple, e quello altrettanto minuscolo della Microsoft.

In verità, quello che avverrà in seguito sarà un rapido susseguirsi di avvenimenti nei quali i punti di connessione tra le due società diventeranno sempre più fitti, e le vicende, anche e soprattutto quelle umane, sempre più intricate.

La nostra vicenda ci riporta nel garage di casa Jobs, dove i due Steve e Ronald Wayne erano alle prese con la costruzione "*in serie*" dell'Apple-1, per soddisfare la richiesta di Paul Terrell del Byte Shop, che ne voleva cinquanta completamente assemblati.

Jobs si rivolse ad alcuni distributori della zona e riuscì ad accordarsi per l'acquisto di cento kit per costruire i cinquanta computer richiesti, più altri cinquanta che avrebbero venduto direttamente. Avevano previsto di incassare il doppio della spesa e convinsero i distributori a concedere loro un credito. Dopo le firme di rito, avevano trenta giorni per restituire il denaro.

Il pagamento dei computer avvenne dopo ventinove giorni, giusto in tempo per saldare il debito.

A quel punto avevano un capitale, ma non era in moneta liquida; consisteva in cinquanta computer ammassati in fondo al garage. Così cominciarono a pensare a una distribuzione e telefonarono a tutti i negozi di computer del paese. "*È stato così che siamo entrati in affari.*"

Al culmine dell'entusiasmo per il successo, Jobs dichiarò guerra aperta al colosso IBM, cosa che alle orecchie dei presenti doveva sembrare come la storia del topolino che vuole sconfiggere il gigante.
IBM, per la maggior parte degli hacker del tempo, rappresentava quanto di più statale, immobile e stantio ci potesse essere. Un mondo anacronistico, ancorato a un'informatica "*vecchio stile*" e che, per giunta, proponeva in TV spot pubblicitari interpretati da tre ragazzi

vestiti allo stesso modo, che cantavano canzoncine piuttosto ridicole. Insomma, era il "*nemico perfetto.*"

Ma non per tutti IBM era il nemico giurato; al contrario, ci fu qualcuno per cui quel colosso rappresentò la possibilità di successo.

Verso l'ottobre del 1980, IBM, che prima non si era mai interessata al cosiddetto "computer per la gente comune", cambiò orientamento e decise di entrare con tutta la sua ingombrante presenza in questo mercato.

Lo fece presentando il "*Personal Computer IBM 5150*', basato sulla CPU Intel 8088 a 4.77 MHz, con una dotazione hardware che prevedeva fino a 64Kb di RAM (espandibile fino a 256Kb), una tastiera composta da ottantatre tasti, ed infine un sistema di archiviazione su nastro oppure, opzionalmente, un'unità floppy da 5 pollici e ¼ e 360Kb di capacità.

Figura 81 Il Personal Computer IBM 5150

Su quel computer avrebbe dovuto essere installato il sistema operativo CP/M (sigla di Control Program for Microprocessor), che allora era praticamente uno standard per i microcomputer. Era tutto pronto per il lancio, quando la Digital Research di Gary Kildall si rifiutò di firmare l'accordo di non divulgazione del codice. In seguito a questa decisione, i PC IBM si trovarono senza sistema operativo.
Nel tentativo di rispondere a questa necessità, IBM si rivolse alla **Microsoft**, che ai tempi era impegnata a scrivere gli aggiornamenti per il Basic.

Ricapitolando la situazione...

Il maggior fabbricante di computer al mondo voleva discutere con Bill e Paul della possibilità di creare un Sistema Operativo per una nuova linea di computer.

Durante il primo incontro, i dirigenti IBM rimasero perplessi. Si trovarono di fronte a un ragazzino con una gran massa di capelli e con vestiti sportivi. Ma quando egli cominciò a parlare, si convinsero che non era affatto un dilettante.
Bill Gates non ebbe alcuna esitazione e convinse la IBM che Microsoft aveva ciò che a loro mancava: un sistema operativo, il famoso "***DOS***".

Già, avete capito bene! Avevano appena venduto ad IBM un sistema operativo che, di fatto, non esisteva!
Fu allora che Microsoft corse ai ripari acquistando in tutta fretta, dalla **Seattle Computer Products**, un clone a 16 bit del CP/M chiamato **QDOS** (*Quick & Dirty Operating System*, letteralmente sistema operativo veloce e sporco).

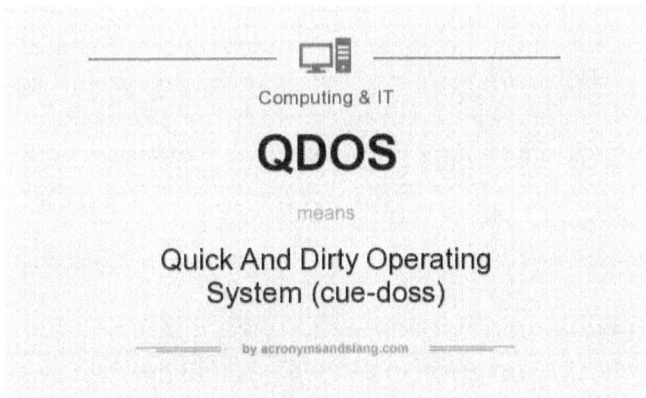

Figura 82 : Il QDOS (Quick & Dirty Operating System, letteralmente sistema operativo veloce e sporco)

Dopo una frettolosa revisione dei sorgenti, che consistevano in circa 4000 linee di codice assembly, il sistema operativo venne mandato alla IBM per la valutazione, con il nome di **86-DOS**. Era il luglio 1981.

Incredibilmente, l'IBM fu soddisfatta del sistema, e il mese dopo, arrivò sul mercato la prima edizione di MS-DOS.

IBM però sottopose il codice a un controllo di qualità, e avendo riscontrato oltre trecento bug, ne riscrisse alcune parti.
Per questo motivo, tale versione portò il nome di **IBM PC-DOS 1.0**, e fu licenziata congiuntamente da Microsoft e da IBM.

Le versioni successive furono licenziate separatamente sia da Microsoft (che le marcava come **MS-DOS**) che da IBM, con il nome di **PC-DOS**.

Il vero colpo di genio di Bill fu però quello di non cedere i diritti del nuovo sistema operativo a IBM.

In questo modo, **per ogni copia di DOS installata sui propri computer**, il colosso IBM **doveva pagare una licenza a Microsoft**. Inoltre, non essendoci un'esclusiva da parte del colosso americano,

Gates e Allen furono liberi di vendere il software anche a produttori concorrenti.

Inizialmente non era obbligatorio comperare una copia di **Ms-Dos** insieme ai **PC IBM**, si poteva scegliere fra tre sistemi operativi: il **CP/M-86** (della Digital Research), l'*Ucsd p-System* (il sistema operativo presente su *Apple II*) e l'*Ms-Dos*. Tuttavia, mentre il prezzo del CP/M era di 240 dollari, quello del p-System di poco inferiore, **l'Ms-Dos costava 39,95 dollari**, un prezzo così allettante da renderlo praticamente una scelta obbligata per qualunque hobbista.

Il primo sistema Ms-Dos era monoutente, a riga di comando e "*monotask*", cioè in grado di eseguire un solo programma alla volta.
La pratica di vendere l'Ms-Dos e il Pc-Dos, solo insieme ad un PC iniziò a partire dalla vendita degli AT/339, con la versione 3.0 del Dos.

Una particolare curiosità è legata al **prezzo di acquisto che Microsoft pagò alla Seattle Computer per il Q-dos**, vi sfido a fare un giro sul web per vedere quante fonti citino prezzi assolutamente differenti, si va dai quindicimila ai duecentocinquantamila dollari.
Wikipedia, ad esempio, molto diplomaticamente cita un generico "*meno di centomila dollari*", mentre nel film "*I Pirati della Silicon*

Walley" (del 1999) viene riportata la cifra di cinquantamila, più o meno la metà.
Insomma, se nella vicenda della nascita dei personal computer spesso troviamo dati discordanti, la cifra con cui Microsoft si impossessò del Dos è sicuramente velata da una discreta dose di mistero.

Nel frattempo, alla Apple si stava progettando il secondo grande computer. Per questa macchina Woz aveva in mente la grafica a colori, mentre Jobs cominciò a meditare su un'idea…

Aveva notato che, pur essendoci moltissimi ragazzi, "***dilettanti dell'hardware***", che erano in grado di prendere la scheda e assemblare il loro computer, per ognuno di questi ce n'erano altri cento, o mille che non avrebbero saputo farlo, ma che erano in grado di utilizzare i programmi, erano i "***dilettanti del software***".

Il suo sogno per l'Apple-II era quello di vendere il primo personal computer già assemblato.
Per usarlo non dovevi sapere nulla di hardware, sarebbe stato sufficiente collegarlo alla presa di corrente e accenderlo.
Misero insieme le idee, e progettarono anche il design di quello che in inglese viene chiamato ***Pakaging***, cioè la scatola in cui inserire l'hardware.
Avevano pensato di farlo di plastica, ma a quel punto mancavano i soldi per rifinire i case, e la stima dei costi era nell'ordine dei centinaia di migliaia di dollari. Andava ben oltre le loro possibilità.

Jobs allora cominciò a cercare degli investitori, ne conobbe uno che si chiamava ***Don Valentine*** (Sequoia Capital), e lo invitò presso la sede della Apple.

Credo che ci si possa immaginare la scena di Don Valentine che arriva con la sua auto di lusso, si ferma davanti al garage, scende dalla macchina un po' incerto, quasi convinto di aver sbagliato l'indirizzo, si dirige con aria sempre più perplessa verso i tre giovani e guardandosi intorno li definisce "***Rinnegati dal genere umano!***", lui di sicuro non era interessato ad investire, ma suggerisce loro che un altro investiture,

Figura 83 Don Valentine - Sequoia Capital

Mike Markkula potrebbe considerare interessante la loro attività.
Gli telefonarono ed egli li andò a trovare, era stato il product manager di Intel e aveva lasciato l'azienda a meno di trent'anni. Deteneva una buona parte del mercato azionario della società, ed aveva guadagnato circa un milione di dollari vendendo azioni, dopodiché aveva investito in gas e petrolio.
Ascoltò l'idea dei due Steve, e decise di finanziare il progetto per duecentocinquanta mila dollari.

Figura 84 Steve Jobs e Mike Markkula -

Ma Jobs non si lasciò sfuggire l'occasione, e lo convinse anche a collaborare con loro, in quel modo, oltre ai suoi soldi egli portò in azienda anche la sua grande esperienza.

Fu a quel punto che **Ronald Wayne**, contro ogni logica, lasciò la società non credendo nel progetto e vendendo la quota del 10% di cui

era proprietario per ottocento dollari.
Nel 1981, quando Apple fu quotata in borsa, la quota di Wayne sarebbe stata valutata centinaia di milioni di dollari. In occasione dell'uscita della sua biografia, dal titolo "***Adventures of an Apple Founder***" (Avventure di un fondatore di Apple), lo stesso Wayne ammise:

"Ero migliore come ingegnere che come uomo d'affari".

In breve tempo tutte le caratteristiche della nuova macchina furono ben definite, tranne il prezzo, ci furono parecchie discussioni, in quanto Jobs voleva vendere la sola scheda per 1.200 dollari; Wozniak sosteneva invece che il prezzo fosse troppo alto.
Alla fine, si accordarono e decisero di chiedere 1.200 dollari per la scheda e il contenitore. Per la prima volta, avevano definito un

prodotto realmente commerciabile. L'idea di Jobs prendeva vita, il computer una volta tirato fuori dalla scatola era pronto e funzionante da subito, senza software da programmare o parti da montare (da allora la Apple vendette, e lo fa tuttora macchine complete di Hardware e software).

Un'altra caratteristica fondamentale di AppleII era il **circuito TV**, che era stato totalmente ridisegnato ed era in grado di visualizzare i dati contenuti nella memoria del computer, non solo semplice testo quindi, ma anche la grafica, e perfino i colori.

Apple-II fu presentato al pubblico il 16 aprile del 1977 durante il primo "***West Coast Computer Faire***". Con la sua presentazione generalmente si ritiene sia nata l'era del personal computer.

"...Avevamo uno stand fantastico, dove proiettavamo un video che mostrava l'Apple-II e la sua grafica, oggi sembra primitiva, ma allora era di gran lunga la più avanzata per un computer. Ricordo che abbiamo rubato la scena attirando rivenditori e distributori
... eravamo sul mercato".

Il ventunenne Jobs, senza aver avuto nessuna formazione specifica su come si gestisce un'azienda, si trovò in breve tempo a capo di una società che raddoppiava il suo fatturato ogni tre-quattro mesi.

Un articolo su **Byte** rese l'Apple-II ancora più famoso e Markkulla riuscì ad attirare i capitali di **una società della famiglia Rockfeller**.
Arthur Rock, entrò a far parte del consiglio di amministrazione della Apple e alla fine dell'anno la società si trasferì in un ufficio enormemente più grande in **Bandley Drive** a **Cupertino**.
Ben presto L'azienda divenne troppo grande anche per questo edificio e si dovette acquisire un altro stabile che si trovava nella stessa via.
In seguito, venne creato "**Apple III**", il primo computer non inventato da Wozniak, ma da un gruppo di sviluppo e fu anche il primo computer Apple pensato per le aziende.

Figura 85 Apple-II fu presentato al pubblico il 16 aprile del 1977 durante il primo "West Coast Computer Faire"

Nacque nel 1978 sotto la guida di **Wendel Sander**, con il nome in codice di "**Sara**", dal nome della figlia di Sander.
Il computer *non venne dotato di ventole di raffreddamento*, allo scopo di renderlo silenzioso, ma questa scelta determinò una serie di malfunzionamenti che costrinsero Apple a ritirare a macchina dal mercato.

Il progetto fu nuovamente rivisto ed il computer fu ripresentato nell'autunno del 1981. Nel mese di dicembre del 1983 fu presentato l'"**Apple III+**", che sistemava definitivamente i problemi hardware, ma era ormai troppo tardi per salvare commercialmente la macchina, che ormai era stata bollata come inaffidabile, e questa cattiva fama, gravò pesantemente sulle vendite. Nel 1984 venne tolta definitivamente dal mercato.
All'inizio degli anni Ottanta, venne presentato "**Lisa**". Il progetto

venne avviato nel 1978 e dopo una lunga gestazione, ne scaturì un computer dedicato all'utenza professionale.

Su questa macchina presero vita, almeno inizialmente molte delle idee di Steve.

Il Lisa venne dotato di un'interfaccia grafica con mouse, icone e finestre, che per l'epoca fu una vera e grande rivoluzione.

Qui è doverosa una piccola precisazione, molti testi, qualche lavoro cinematografico, e una serie di siti web, ci raccontano che Apple approfittò del lavoro del centro di ricerca **Xerox PARC**, al quale rubò il progetto dell'interfaccia grafica che poi commercializzò con "*Lisa*" e successivamente con "*Macintosh*".

In verità, indagando meglio, si scopre che Apple non ebbe gratuitamente la possibilità di visitare i laboratori del **PARC**. In cambio della visione dei prototipi di "*GUI*" e dei colloqui con ingegneri e sviluppatori, Xerox ricevette l'opzione su un pacchetto di azioni di Apple, che all'epoca era in procinto di quotarsi in borsa.

E'comunque vero che i ricercatori di **Xerox** sulle prime si opposero all'idea di mostrare a Steve Jobs ed ai suoi, le idee sviluppate nel centro, lo fecero solo in seguito alla pressione dei superiori.

Alla fine, gli ingegneri Apple e Steve Jobs videro per la prima volta lo "**Xerox Alto**", il primo computer dotato di un'interfaccia grafica, che rappresentava la metafora della scrivania.

"Ci mostrarono tre cose in particolare"
Raccontò Jobs
"…Ma c'è ne stata una che mi ha stupito più di tutte, tanto da non voler vedere le altre due. Prima mi hanno mostrato la programmazione orientata agli oggetti, ma non l'ho nemmeno considerata, poi mi hanno mostrato un network di computer, ne avevano oltre 100 collegati in rete, ma non m'interessava, ero troppo affascinato dall'interfaccia grafica, era la cosa più bella che avessi mai visto. A ripensarci ora il loro progetto era incompleto, avevano commesso molti errori ma noi non ce ne rendevamo conto, tuttavia stavano realizzando una grande idea e lo stavano facendo molto bene. Mi sono bastati dieci minuti per capire che un giorno tutti i computer sarebbero stati così".
(Steve Jobs: L'intervista perduta - Feltrinelli real cinema" - www.realcinema.it)

È utile definire che in quella dimostrazione non ci fu alcun passaggio di materiale o codice, ma quello che di sicuro accadde, fu che gli sviluppatori del Lisa e più tardi del Mac, si ispirarono e reinterpretarono completandolo, quell'abbozzo di idee che videro nei laboratori di Xerox, e lo fecero in modo diverso ed originale.

Un caso esemplare fu quello di **Bill Atkinson** che, all'oscuro di come funzionasse il sistema di gestione della grafica su schermo del PARC e cercando di eguagliarla, ne realizzò una versione superiore chiamata prima **LisaGraf** e poi **QuickDraw**.

Anche Il significato del nome "*Lisa*" suscitò un vero e proprio dibattito.
Secondo molti era l'acronimo dell'inglese "***Local Integrated Software Architecture***" (in italiano "architettura software locale integrate"), secondo altri invece si trattava del nome della figlia di Steve e l'acronimo è stato inventato solo in seguito.

Solo diversi anni più tardi, lo stesso Jobs confermerà che il nome del computer è quello della figlia **Lisa Brennan** avuta da una relazione con Chrisann Brennan nel 1977.
Andrea Cunningham, che allora lavorava alle pubbliche relazioni del progetto per la **Regis McKenna** (agenzia di marketing), confermò la tesi, l'acronimo fu inventato a posteriori con un'operazione di ingegneria inversa e non ha alcun significato.
Il Lisa venne presentato il 19 gennaio 1983, al costo di 9.995 dollari, pezzo che Jobs fin dall'inizio giudicò troppo elevato.
Contrariamente a quello che si pensa, esso non fu il primo computer con un'interfaccia grafica ad essere immesso sul mercato, a sottrargli il primate, infatti, nel 1981 fu stato lo "***Xerox Star***", prodotto proprio dalla Xerox, sviluppando l'idea di "*Alto*", la macchina sperimentale che fu "visionata" sia da Apple che da Microsoft più o meno nello stesso periodo.
Il cuore di Lisa era dotato di un processore **Motorola 68000**, con ***1 Megabyte*** di RAM e due floppy disk drive da 5,25" chiamati "***Twiggy***" che erano in grado di memorizzare fino a 871 kb. Poteva inoltre utilizzare un hard disk esterno da 5 MB opzionale che venne chiamato "**ProFile**".

*Figura 86
L'Apple "Lisa"*

Il disco esterno venne creato in quanto ci si rese conto (... ed eravamo nel 1983!) che i Floppy Disk erano un limite per il sistema.

Il "***Lisa OS***" (questo fu il nome del sistema operativo creato appositamente per la nuova macchina), era dotato di multitasking e supportava la memoria virtuale. Era un computer con caratteristiche tecniche all'avanguardia, ma forse proprio a causa di queste innovazioni, risultò lento, sopratutto se paragonato con i pc IBM, che d'altra parte non avevano un'interfaccia grafica, ma disponendo del Dos di Microsoft a riga di comando riuscivano ad essere velocissimi.

Figura 87 : lo "Xerox Alto", il primo computer dotato di un'interfaccia grafica, che rappresentava la metafora della scrivania

L'altro aspetto decisamente controproducente fu il prezzo, diecimila dollari, erano una cifra irrilevante per chi arrivava da società come HP, ma decisamente fuori misura per il mercato della Apple, le "***persone comuni***" a cui l'azienda si era sempre rivolta, non potevano permettersi un computer del genere.

Nel settembre del 1980 Steve Jobs venne *espulso dal progetto Lisa dai membri del consiglio d'amministrazione, Michael Scott e Mike Markkula*, perché tendeva a "***disgregare le compagnie***" in cui lavorava. Il progetto fu affidato definitivamente a ***John Couch***, che era già il team leader di Lisa.

Il termine utilizzato per allontanare Jobs dal progetto ricorre spesso anche gironzolando per il Web, ed è spesso citato nelle varie biografie e cronache del tempo, ma non è mai ben spiegato.
Spesso viene data la colpa di questo allontanamento, al suo carattere da un lato visionario e dall'altro estremamente competitivo e non molto avvezzo ad accettare critiche o posizioni differenti dalla sua.

Credo che invece la ragione sia ben differente, sono abbastanza convinto che egli si accorse e lo disse apertamente, che con "Lisa" Apple stava sbagliando direzione, il prezzo decisamente troppo elevato, avrebbe posto quella macchina completamente fuori mercato, rispetto ai possibili acquirenti.
Questa presa di posizione, unita ai risultati tutt'altro che incoraggianti delle vendite, innescò una guerra di potere.
Immaginatevi come potesse sentirsi in quel periodo.

Era ancora "***ufficialmente***" il capo dalla sua azienda, ma di fatto sentiva che stava perdendone le redini, tanto che qualcuno fu in grado di togliergli la responsabilità di un progetto.

Nel 1979, uno sviluppatore di interfacce grafiche di Lisa, ***Jef Raskin***, chiese a ***Mike Markkula*** di poter dirigere un piccolo progetto segreto di nome "Annie", che venne poi ribattezzato in "**Macintosh**".

Il progetto però non stava avanzando, in quanto, la dirigenza, data l'esperienza negativa del Lisa, non aveva intenzione di investire risorse.

Era l'occasione che Jobs aspettava, infatti, in aperto contrasto con le scelte del team di Lisa, si concentrò sullo sviluppo di Macintosh, con una nitidissima visione di quello che questa macchina doveva diventare.

Il suo primo atto ufficiale alla guida del progetto fu quello di far allontanare Raskin dalla Apple.

Il Macintosh, venne ribattezzato comunemente e benevolmente "*Mac*" da tutti i suoi utilizzatori e anche dai concorrenti, deve il suo nome a una popolare varietà di mela, la McIntosh.

Secondo l'idea di Steve, doveva essere un computer dal costo non superiore a mille dollari con uno schermo e una tastiera integrati, e soprattutto, (udite udite !) facile da utilizzare.

Nonostante non godette mai della piena approvazione degli altri dirigenti della mela, cosa che portò alla rinuncia di alcune caratteristiche che erano state previste, come ad esempio il multitasking, da subito l'impronta di Jobs fu lampante.

"... Ho formato una squadra per produrre il Macintosh, la nostra missione era salvare la Apple. Non ci credeva nessuno ma ce l'abbiamo fatta. Mentre lavoravamo al Mac abbiamo reinventato la Apple, abbiamo rivisto tutto compreso il metodo di fabbricazione.

Ho visitato ottanta fabbriche automatizzate in Giappone per poi creare la prima fabbrica di computer automatizzata in California. Abbiamo adattato il processore 68000 e negoziato un prezzo pari ad un quinto di quello del Lisa perché l'avremmo prodotto su scala maggiore".

(Steve Jobs: L'intervista perduta - Feltrinelli real cinema" - www.realcinema.it)

Macintosh doveva essere accessibile ed orientato all'utilizzo dell'interfaccia grafica e del mouse, ma doveva anche essere dotato di "*folle bellezza*".

Ispirandosi al sistema operativo Xerox, il team del Mac introdusse delle novità importantissime, come *le icone* (disegnate da **Susan Kare**), e la possibilità di avere *finestre sovrapposte su più livelli*.

Inoltre, venne data tantissima importanza ai **font** (i caratteri) sia visualizzati a schermo che stampati.

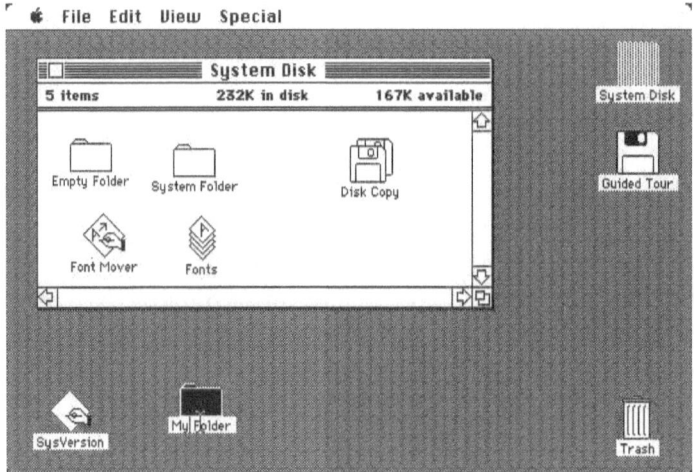

Figura 88 Gui (interfaccia grafica) di Macintosh

Adesso non stupitevi, se vi dico che tra i primi software a comparire sul Mac ci furono (al debutto) programmi come **Word** ed **Excel**, sviluppati proprio dalla **Microsoft**.

Io vi avevo avvisato che le storie delle due società si sarebbero intrecciate!

LA STORIA DEL FOGLIO ELETTRONICO

Eccoci qua, è arrivato il momento di fare una piccola pausa, per chiarirci un istante le idee.
Siamo partiti nel nostro viaggio sulla storia dei computer, con l'intento di scoprire la ragione per cui l'uomo si sia dedicato alla costruzione di queste macchine e ci siamo resi conto di come, fin dalla preistoria, l'uomo abbia avuto la necessità di contare e quindi di creare strumenti che gli permettessero di farlo agevolmente e velocemente.
Poi abbiamo cominciato un viaggio tra le epoche storiche ed abbiamo visto come la creazione di queste macchine per calcolare abbia accumunato uomini (ricercatori, matematici e scienziati) praticamente in ogni periodo storico.
Siamo quindi passati dai grandi calcolatori a valvole, per arrivare all'inizio degli anni '80, dove abbiamo assistito alla creazione di quelli che vennero definiti i "***personal computer***", qui il concetto di "*calcolatore*" subì un radicale mutamento.
Si passò dai *Mainframe*, che calcolavano soltanto, a computer dotati di interfaccia grafica e mouse, che erano in grado di svolgere diverse funzioni, anche simultaneamente.

Ma l'uomo ha ancora bisogno di contare?

Beh, direi proprio di sì, anzi, forse questa esigenza ben lungi dall'essersi esaurita è aumentata di pari passo con la diffusione delle macchine.

Quale piccola o media azienda fino agli anni '70, '80 avrebbe gestito il bilancio con un computer? Ed oggi, quale piccola, media o grande azienda si sognerebbe di gestire il bilancio senza di esso?

Come avvenne questo passaggio? Cosa fece cambiare idea alle persone?

Fino a quel momento i "***computer per la gente comune***" non esistevano, c'erano solo i computer per hobbisti e appassionati, e soprattutto le grandi aziende almeno all'inizio non ne colsero le potenzialità.
Ad un certo punto della storia però divenne chiaro per tutti che essi

rappresentavano il futuro.

Quando avvenne questa scoperta?
Vi butto lì una data! Il 12 maggio 1979.

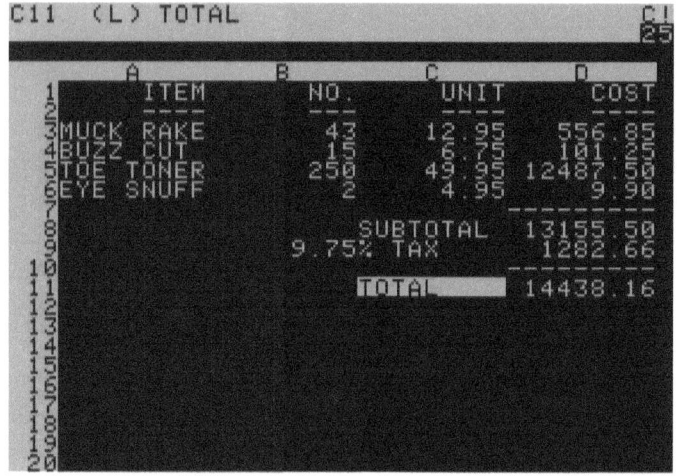

Figura 89 VisiCalc, il primo foglio elettronico della storia

Stiamo vagando per i padiglioni del "*West Coast Computer Faire*" di San Francisco, fiera nata con lo scopo di presentare al grande pubblico i prodotti emergenti dell'industria dell'informatica e che divenne in poco tempo la manifestazione più importante del settore. Ci imbattiamo in uno stand gremito di appassionati tutti intenti a cercare di assistere a quella che oggi chiameremmo una "*demo*".

È la dimostrazione di *VisiCalc*, il primo foglio elettronico della storia. A presentarlo sono **Dan Bricklin** e **Bob Frankston**, studenti rispettivamente di Harvard e del MIT.

L'idea di programmare un foglio di calcolo venne a Bricklin mentre osservava un suo professore alla Harvard Business School, che scriveva sulla lavagna un modello finanziario: ogni volta che veniva cambiato un parametro, il professore era costretto a una noiosa cancellazione e riscrittura dei risultati che ne scaturivano.

Con l'uso di un personal computer, quella serie di operazioni poteva essere svolta in modo automatico.

Inizialmente egli creò una matrice di cinque colonne e 20 righe, che poi venne notevolmente migliorata con l'aiuto di Frankston.

Ne nacque un foglio di calcolo, a cui essi diedero il nome di VisiCalc dall'unione dei termini "*Visual*" e "*Calculator*".

VisiCalc fu programmato inizialmente per girare su Apple, ma ben presto venne riscritto anche per poter girare su tutti i microcalcolatori dell'epoca, IBM compresa, e su molte calcolatrici programmabili come le HP.

Bricklin e Frankston fondarono una società, la **Software Arts Corporation**, e vendettero circa un milione di copie in brevissimo tempo.

VisiCalc rappresentò il vero e proprio trampolino di lancio del "*personal computer*" verso il mondo dei "*computer professionali*". L'inaspettato successo fece scalpore anche tra le aziende concorrenti, che si misero subito all'opera per creare delle alternative.

La legge americana all'epoca non prevedeva la possibilità di brevettare il software; si potevano far valere i diritti sul copyright vietandone le copie, ma non fu possibile per Bricklin e Frankston brevettare l'idea di "*foglio di calcolo elettronico*".

In breve tempo diverse aziende, soprattutto quelle dotate di maggiori mezzi finanziari, iniziarono a copiare il progetto creando un'agguerrita serie di "*cloni*".

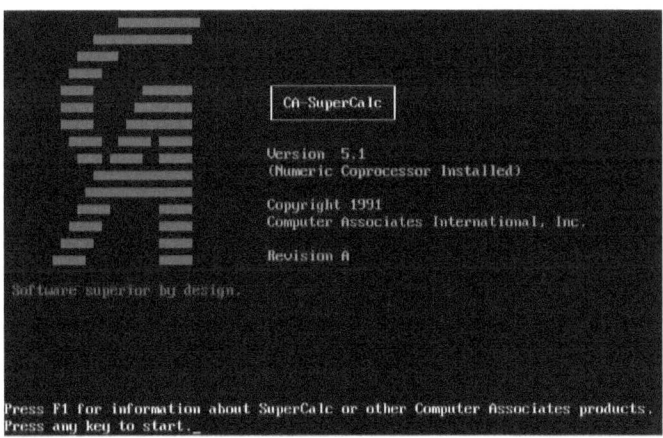

Figura 90 "SuperCalc" della Sorcim, che uscì nel 1980

Tra questi ci fu "*SuperCalc*" della Sorcim, che uscì nel 1980 e si inserì immediatamente sul mercato grazie a una serie completa di funzioni finanziarie che fecero la felicità di analisti e contabili.

Un altro agguerritissimo rivale fu "***Lotus 1-2-3***", che rappresentò una sorta di rivoluzione, in quanto fu in grado di affiancare al foglio elettronico la grafica e i "***database***", che sino ad allora erano dominio di programmi dedicati.
Grande rilevanza per Lotus ebbe inoltre la presenza delle "***Macro***", cioè la possibilità di programmare e di eseguire sofisticate analisi statistiche, come ad esempio la regressione lineare o quella multipla.

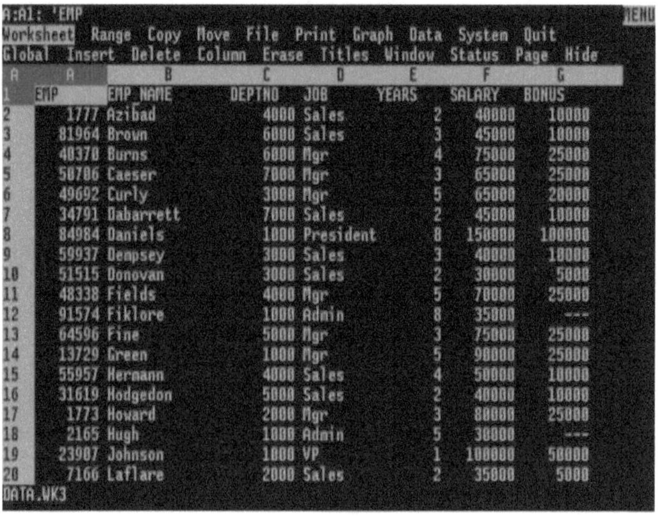

A	A	B	C	D	E	F	G
1	EMP	EMP_NAME	DEPTNO	JOB	YEARS	SALARY	BONUS
2	1777	Azibad	4000	Sales	2	40000	10000
3	81964	Brown	6000	Sales	3	45000	10000
4	40370	Burns	6000	Mgr	4	75000	25000
5	50786	Caeser	7000	Mgr	3	65000	25000
6	49692	Curly	3000	Mgr	5	65000	20000
7	34791	Dabarrett	7000	Sales	2	45000	10000
8	84984	Daniels	1000	President	8	150000	100000
9	59937	Dempsey	3000	Sales	3	40000	10000
10	51515	Donovan	3000	Sales	2	30000	5000
11	48338	Fields	4000	Mgr	5	70000	25000
12	91574	Fiklore	1000	Admin	8	35000	---
13	64596	Fine	5000	Mgr	3	75000	25000
14	13729	Green	1000	Mgr	5	90000	25000
15	55957	Hermann	4000	Sales	4	50000	10000
16	31619	Hodgedon	5000	Sales	2	40000	10000
17	1773	Howard	2000	Mgr	3	80000	25000
18	2165	Hugh	1000	Admin	5	30000	---
19	23987	Johnson	1000	VP	1	100000	50000
20	7166	Laflare	2000	Sales	2	35000	5000

Figura 91 Lotus 1-2-3" fu in grado di affiancare al foglio elettronico la grafica e i "database"

Questi aspetti hanno fatto di Lotus 1-2-3 uno dei pacchetti maggiormente utilizzati in ambito scolastico ed accademico.

Degno di nota è senza dubbio anche "***Microsoft Multiplan***" del 1982, che rappresentò l'ingresso della Microsoft di Bill Gates e Paul Allen nel mondo dei fogli di calcolo e che consentiva all'utente di lavorare tenendo aperti più fogli di calcolo contemporaneamente.
L'egemonia di Lotus nel settore rimase incontrastata e schiacciante, almeno fino al 1986, quando proprio Microsoft presentò "***Excel***".
La prima versione di Excel, la 1.0, venne rilasciata per Macintosh nel 1985.
Microsoft, sfruttando tutta l'esperienza acquisita con MS Multiplan, mise sul mercato un prodotto in grado di sfruttare appieno l'interfaccia

grafica del Mac; le finestre erano estremamente comode e potevano essere dimensionate a piacere, ed inoltre la maggior parte delle operazioni erano perfettamente gestibili con il mouse.

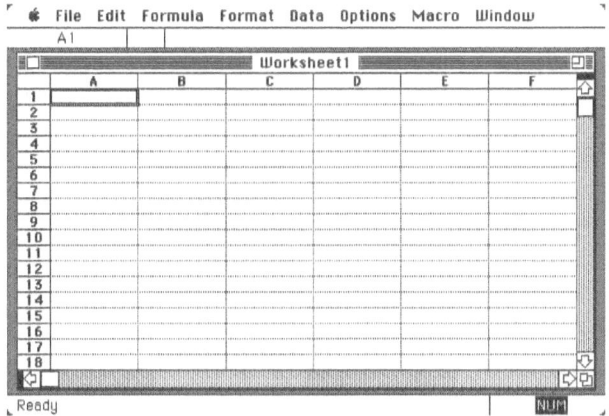

Figura 92 : Excel 1.0- rilasciata per Macintosh nel 1985.

A questa caratteristica, Excel aggiunse la possibilità di *suddividere ulteriormente la finestra in orizzontale e in verticale oppure di suddividere il foglio stesso in più fogli di lavoro, in questo modo era possibile controllare in contemporanea diversi documenti.* Anche le opzioni di stampa erano molto sviluppate, con la possibilità di fare uno zoom sulla zona che si desiderava stampare.

Il foglio poteva inoltre interfacciarsi con altri programmi, come ad esempio un **Word Processor** o un programma di comunicazione (ad esempio, l'accoppiata **Excel-Word** permetteva di trasferire tabelle o grafici da un foglio elettronico a un testo scritto).

La collaborazione tra Apple e Microsoft segnò anche l'inizio della rivalità (combattuta a suon di costosissime battaglie legali) tra le due aziende.

Come ben potrete immaginare, non sapremo mai come si sono svolti realmente i fatti, ma sembra proprio che durante una visita di Bill Gates a Cupertino, Jobs mostrò un'anteprima della GUI (interfaccia grafica) del Mac, a Gates e **consegnò a Microsoft alcuni Macintosh in prova per poter sviluppare il foglio di calcolo**.

Fu in seguito a questo episodio che Gates "*ebbe l'idea*" di creare un'interfaccia grafica molto simile a quella dei Mac, in grado di funzionare anche su computer IBM.

Molte cose sono state dette su questo aspetto, e il sospetto di "*plagio*" è stato più volte messo in discussione nel corso degli anni; da allora tra le due aziende si creò una rivalità, che sotto certi aspetti è ben presente anche oggi.

In un articolo intitolato "***The secret Origin of Windows***" del 2010 ***Tandy Trower***, che è stato in Microsoft per ben diciannove anni, dal 1981 al 2009, ed ha ricoperto il ruolo di Product Manager di Windows negli anni '80, ci racconta che Gates aveva comprato uno "***Xerox Star***" e incoraggiava i dipendenti a usarlo perché riteneva che servisse d'esempio, e questo accadde molto prima che la Microsoft vedesse un Mac o un Lisa.

Afferma anche che ci furono dei prototipi di Windows molto prima dell'esordio del Macintosh.

Tanto per cambiare, in un mondo in cui tutto dovrebbe essere ampiamente documentato, ricostruire una storia diventa un'impresa decisamente epica.

Quello che possiamo dire è che indubbiamente l'idea di Xerox creò notevoli ispirazioni, e di sicuro Apple le sviluppò in modo geniale. Grande merito di Bill Gates fu invece quello di intuire la potenzialità che un'interfaccia grafica avrebbe avuto se sostituita al dos, su tutte le macchine IBM.

Sta di fatto che la rivalità tra le due aziende, e la corsa per contendersi gli utenti finali, fu determinante per lo sviluppo sempre più rapido ed innovativo del computer così come lo conosciamo oggi.

UNA RIVALITÀ STORICA

Macintosh venne presentato nel 1984 con una pubblicità televisiva trasmessa durante il **Super Bowl** (l'incontro finale che assegna il titolo di campione della lega professionistica statunitense di football).

Lo spot, divenuto celebre, si basava sul romanzo di **George Orwell** del 1984 "*Il Grande Fratello*", dove la parte del Grande Fratello era interpretata niente popò di meno che da IBM, mentre Macintosh ovviamente impersonava quella del liberatore.

La pubblicità terminava con la seguente frase:
"Il 24 gennaio Apple Computer presenterà il Macintosh, e vedrete perché il 1984 non sarà come il 1984".

La liberazione sottintesa era legata all'Interfaccia grafica, che effettivamente consentì anche agli utenti meno esperti di utilizzare il computer.
Lo spot non incontrò il favore del consiglio d'amministrazione della Apple, che temeva la contrapposizione con il colosso IBM e venne trasmesso solo quella volta, ma fu lo stesso un evento.

In Apple nacque spontaneamente la figura del "*Mac evangelista*", una persona che, convinta della superiorità del Macintosh rispetto agli altri computer, cercava di convincere conoscenti e amici a passare dai pc compatibili al Mac, i primi "Mac evangelisti" furono proprio alcuni impiegati della società.

Nel maggio del 1985, Microsoft introdusse l'uso del mouse nel proprio software, e in settembre creò **Word per Ms-Dos** 1.00. Era il momento buono per svelare il nuovo prodotto: Si chiamava "**Microsoft Windows**" ed era un'estensione di Ms-Dos, in grado di fornire un ambiente operativo di tipo grafico.

Windows 1.0 disponeva della capacità di gestire finestre che consentivano all'utente di vedere più programmi non correlati tra loro simultaneamente.

Sebbene la grafica di Windows fosse notevolmente meno avanzata rispetto a quella prodotta da Apple, essa aveva un enorme vantaggio: la diffusione, agevolata anche dal fatto che, in quel periodo, molte aziende avevano cominciato a copiare il computer prodotto da IBM e ne avevano realizzato modelli compatibili, che costavano meno dell'originale.

L'uscita di Windows, come potrete ben immaginare, fece andare su tutte le furie Steve Jobs, che fece immediatamente causa a Microsoft per plagio.

Sebbene gli IBM-compatibili fossero tecnologicamente inferiori rispetto al progetto Macintosh, essi costavano meno e cominciarono ad accaparrarsi fette di mercato sempre più ampie.

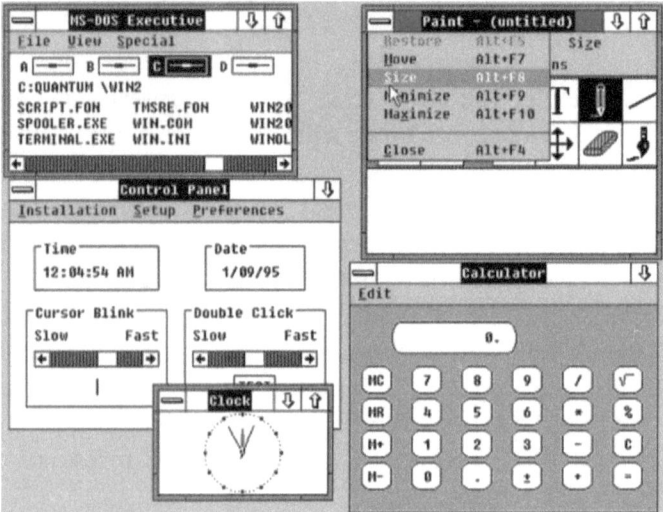

Figura 93 La Gui (Interfaccia grafica) di Windows 1.0

Il 1985 segnò per Apple una durissima lotta di potere, le idee di Jobs visionario, sognatore, "**affamato e folle**", cominciarono a non piacere più al consiglio d'amministrazione, soprattutto di fronte alle vendite non brillanti.

Nel progetto di Steve Jobs, Macintosh avrebbe dovuto arrivare sul mercato ad un costo di circa mille dollari, ma non riuscirono a rispettare l'idea iniziale, anche a causa della scelta di usare il microprocessore 68000, (lo stesso presente sul "***Lisa***").
Il prezzo alla fine toccò i duemila e cinquecento dollari, prezzo che

non era in grado di reggere la concorrenza.
La situazione all'interno dell'azienda divenne sempre più tesa, fino a quando il consiglio d'amministrazione, fortemente influenzato da **Arthur Rock**, decise di eleggere come Ceo, **John Sculley**.

Sculley fu uno dei primi uomini reclutati proprio da Jobs e presenti in Apple dal 1978, (prima era alla Pepsi-Cola) e si era affermato nel corso degli anni come genio della pubblicità, egli venne scelto proprio per la sua linea di condotta più solida e concreta, che venne ritenuta più affidabile.
Sculley, una volta in carica, il 16 settembre 1985 escluse "*de facto*" Steve Jobs da ogni processo decisionale dell'azienda.
Una sconfitta ed un trattamento simile, avrebbe fermato molte persone, ma sicuramente non Steve Jobs, che il giorno stesso, inviò alla Segreteria di Stato della California i documenti per la registrazione di una nuova azienda, la **NeXT Computer**.
Aveva un obiettivo ben chiaro in mente, buttare Apple fuori dal mercato.

Sul fronte Microsoft invece tutto procedeva per il meglio e il 9 dicembre 1987 venne rilasciato Windows 2.0.
Con questa versione arrivarono anche le icone e venne aggiunta maggiore memoria.
La grafica ebbe un notevole incremento, ed era possibile sovrapporre le finestre, gestire il layout dello schermo ed utilizzare i tasti di scelta rapida per velocizzare il lavoro. Fece la sua comparsa il "***pannello di controllo***".

In occasione di questo rilascio alcuni sviluppatori di software iniziano a scrivere i loro primi programmi anche per Windows.

Windows 2.0 venne sviluppato per i processori Intel 286, ma tra il 1986 e il 1994, Intel mise sul mercato una nuova generazione di integrati, gli "***Intel 386***", i primi microprocessori Intel dotati di architettura a 32 bit. Microsoft non arrivò impreparata a quell'appuntamento, in breve tempo infatti venne rilasciata la versione di Windows per 386.

Il basso costo di questi microprocessori e la maggior potenza permisero vendite su larga scala.

Nello stesso anno Apple presentò Macintosh-II, il primo modello di Macintosh "modulare", così definito perché inserito in un case standard con la possibilità di espanderne le funzionalità, a differenza di tutti i Macintosh precedenti che erano dei modelli all-in-one, con un monitor in bianco e nero. Il modello Macintosh-II consentiva agli utenti di poter utilizzare anche schermi ampi, a colori e consentiva anche l'utilizzo di più monitor contemporaneamente, grazie alla possibilità di montare più schede grafiche.

Nonostante le profonde migliorie apportate da Apple ai suoi prodotti il mercato si dimostrò inesorabile.

Nel 1988 l'analisi delle vendite pose la società di Bill Gates, saldamente al comando come maggior produttore di software per PC al mondo. Anche l'attività di Next continuò, e l'ex ceo della Apple mise subito in campo una nuova idea: creare il "***perfect research computer***" ovvero il calcolatore ideale per le istituzioni di ricerca, così come suggeritogli indirettamente dal biochimico **Paul Berg**.

Figura 94 Steve Jobs alla Next Computers

Lo fece passando al vaglio le nuove tecnologie sviluppate nelle università. In particolare, Next mise mano a tre progetti: ***Il postscript*** (un linguaggio di programmazione atto a definire pagine di testo e grafica), il **microkernel** (atto alla creazione di macchine virtuali per gestire meglio alcuni compiti o servizi) e la **programmazione orientata agli oggetti** (per rendere veloce e più facile la programmazione).

Apple intentò una causa legale all'ex fondatore, per cercare di bloccare la sua iniziativa. Le due parti raggiunsero un accordo extragiudiziale, nel quale Jobs accettò un ridimensionamento dei suoi obiettivi (si impegnò a non assumere personale proveniente dalla Apple) e concesse alla sua ex azienda il diritto di verificare ogni nuovo prodotto Next prima dell'uscita sul mercato.

Il 12 ottobre del 1988 a San Francisco, venne presentato il "***NeXT Computer***", che montava il nuovo sistema operativo chiamato "***Next Step***" ("passo avanti") il cui nome fu frutto di diversi ripensamenti e semplificazioni.
L'azienda introdusse molti concetti assolutamente nuovi, basti pensare che il primo prototipo di *web browser grafico*, creato al CERN da Tim Berners Lee venne realizzato proprio per il sistema **NeXTStep**, grazie alla qualità degli strumenti di sviluppo disponibili.

Figura 95 OpenStep, L'interfaccia grafica dei computer Next

Il 28 settembre del 1990, venne annunciato **NextSTEP 2.0** che si presentava con caratteristiche eccezionali: supporto per il **CD-Rom**, **Monitor a Colori**, **file system NFS**, ed anche il **controllo ortografico** on- the-fly (al volo, cioè in tempo reale), senza contare le funzionalità di caricamento dinamico dei driver e molto altro. Alcuni mesi dopo, 25 marzo 1991, arrivò l'upgrade alla release 2.1.
(La figura 69 di questo libro riporta proprio Tim Berners Lee mentre

si trova al CERN, davanti alla sua postazione, nella foto è riconoscibile il SO Next Step).
Apple venne messa sempre più alle strette, così ad un certo punto provò a cambiare direzione e a sondare una strada fino ad allora sconosciuta.

Nel 1989, presentò il "***Macintosh Portable***", che nacque sviluppando dall'idea della Osborne Computer Corporation che nel 1981, alla West Coast Computer Faire di San Francisco presentò l'Osborne-1, il primo computer portatile della storia.

Figura 96 : Il Macintosh Portable

Macintosh Portable ricevette molte critiche positive da parte della stampa anche se le vendite furono in realtà molto scarse. Il punto debole di questo computer furono sicuramente le batterie, che vennero scelte per la loro durata (erano garantite dieci ore di autonomia) ma avevano un enorme difetto. Il peso totale del portatile era di 7.2 Kg e venne ritenuto eccessivo dalla maggior parte degli utenti.
Anche in casa Microsoft ci furono delle novità, sempre nel 1989, fu rilasciata la prima versione di Office per Windows, la 1.0.

Come in ogni vicenda, che abbiamo descritto, anche la storia di Office è indissolubilmente legata ad un personaggio.
In questo caso si tratta di un ingegnere, ma anche di un illustre astronauta ungherese, **Charles Simonyi**.

Figura 97 : L'ingegnere e astronauta ungherese, Charles Simonyi

Symonyi, era in forza alla Xerox, ma dopo un intenso lavoro presso lo *Xerox PARC*, si rese conto che l'azienda non avrebbe mai trasformato i prototipi ottenuti dai laboratori in prodotti di massa.

Su consiglio del collega **Robert Metcalfe**, nel 1981 decise di contattare direttamente *Bill Gates* per un lavoro in Microsoft. Fu assunto per supervisionare lo sviluppo di quelli che sarebbero diventati i prodotti di maggior successo e profitto per l'azienda.

Word ed Excel inizialmente e più tardi il pacchetto Office.

Il nuovo pacchetto integrato venne rilasciato nella sua prima versione per Mac e si presentava con PowerPoint, frutto dell'acquisizione di Forethought. Simonyi definì Office come il *"Punto di svolta"* per Microsoft, dal momento che il lavoro su Office influenzò anche lo sviluppo di Windows.

Lo influenzò a tal punto che, il 22 maggio 1990, ci fu il rilascio di **Windows 3.0**, seguito nel 1992 da **Windows 3.1**.
Insieme, questi due sistemi operativi raggiunsero i dieci milioni di copie vendute nei primi due anni, tanto che Windows diventò il sistema operativo più diffuso al mondo.
Il nuovo sistema di Microsoft poteva contare su prestazioni notevolmente migliorate, una grafica avanzata a sedici colori e icone ancora più intuitive che sfruttavano al meglio il processore Intel 386.
In Windows comparvero per la prima volta *Program Manager*, *File Manager* e *Print Manager*.

Il software Windows veniva venduto su *dischi floppy*, (undici se non ricordo male) e distribuito all'interno di grandi confezioni con tanto di manuali per le istruzioni.

Venne utilizzato sempre più spesso sia in ufficio che a casa e in queste nuove versioni vennero inclusi anche dei giochi quali *Solitario*, *Hearts* e *Prato fiorito*.

Una delle pubblicità di Microsoft di quel periodo diceva:

"***Ora puoi utilizzare l'incredibile potenza di Windows 3.0 anche per distrarti***".

Nonostante la delusione per le scarse vendite, Apple si rese conto che la strada dei portatili era percorribile e scelse, da lì in poi, di sacrificare l'autonomia a vantaggio della leggerezza.

Molto interessante in casa Microsoft, fu anche l'uscita di ***Windows per Workgroups*** 3.11, un'estensione di Windows progettata per supportare i gruppi di lavoro "***peer-to-peer***" e la connessione in rete su un dominio. Per la prima volta i PC diventarono parte integrante dell'evoluzione di un sistema basato sul rapporto ***client/server***.

Il 27 luglio 1993 venne rilasciato ***Windows NT***, che segnò per Microsoft un'importante pietra miliare: era, infatti, il completamento di un progetto iniziato alle fine degli anni '80 che puntava alla creazione dal nulla di un nuovo sistema operativo avanzato.

La frase d'effetto con cui Bill Gates decise di presentarlo sul mercato fu la seguente: "***Rappresenta un cambiamento fondamentale nel modo in cui le aziende possono affrontare le loro esigenze informatiche***".

Nel 1991, Apple mise sul mercato il "***PowerBook 100***', che aveva prestazioni identiche a quelle già eccellenti del "Portable", ma era enormemente più leggero ed economico.

L'azienda di Cupertino, infatti, si rivolse a Sony per la miniaturizzazione della scheda madre in modo da rendere il sistema leggero e veramente portatile. Fu un grande successo commerciale, tanto che ***PowerBook*** stabilì lo standard per tutti i portatili che lo seguirono: introduceva lo schermo posto verticalmente e collegato tramite una cerniera alla tastiera posta orizzontalmente, la trackball e altre innovazioni. Supportava le reti ***AppleTalk*** (lo standard dettato da

Apple) ed era incluso il software *QuickTime*, che forniva un supporto multimediale.

Figura 98 : Il Macintosh PowerBook 100

Nel frattempo, cominciarono i guai per Microsoft, che nel Febbraio 1993 vide l'inizio delle indagini Antitrust per *"abuso di posizione dominante"*.
Nel 1994 Apple rivoluzionò i Macintosh adottando come processore il *PowerPC*, creando per l'occasione un consorzio con *Motorola* e *IBM*, (aziende detentrici della tecnologia utilizzata per creare il nuovo processore).

Il PowerPC era sensibilmente diverso rispetto ai precedenti processori della famiglia 68000, difatti *Apple dovette sviluppare uno strato di emulazione per i software nati prima della sua introduzione.*

Dal canto suo Microsoft proseguiva la strada verso il successo rilasciando, Il 24 agosto 1995, il sistema operativo "*Windows 95*".
Bill Gates divenne l'uomo più ricco del mondo (e lo sarà fino al 2008).

Negli spot televisivi, i *Rolling Stones* cantavano "*Start Me Up*" e come sfondo si vedevano le immagini del nuovo pulsante "*Start*", un'innovazione che ci ha seguito fino ad oggi, e che, nonostante il tentativo di Microsoft di eliminarlo con (l'uscita di windows 8), è stato talmente apprezzato dagli utenti che già nell'upgrade 8.1 è stato

ripristinato.
Il comunicato stampa di Windows 95 iniziava con un semplice: *"È arrivato"*.

Figura 99 Windows 95

Nelle prime cinque settimane, Microsoft vendette la bellezza di *sette milioni di copie*, di cui un milione nei primi quattro giorni, venne stabilito un vero e proprio record.
Windows 95 fu il primo sistema operativo ibrido, in grado cioè di lavorare sia a 16 che 32 bit. A differenza dei suoi predecessori non era un *"**ambiente operativo**"*, vale a dire che non necessitava del Dos per poter lavorare.

Questo ennesimo successo di vendite permise a Microsoft di affermarsi definitivamente sul mercato dei sistemi operativi e di assumere una posizione dominante anche negli anni a venire.
Un'altra notevole innovazione rispetto ai precedenti sistemi fu l'introduzione del "***Plug and Play***", una tecnologia che permetteva al sistema di assegnare automaticamente all'hardware compatibile le adeguate risorse, in modo tale che anche utenti molto inesperti potessero installare nuove schede di espansione.

Le versioni di aggiornamento vennero rese disponibili in formato disco floppy e CD-rom, il sistema venne localizzato in ben dodici lingue.

Adesso, immaginatevi riportati nuovamente in dietro dalla macchina del tempo ai primi anni '90, quando si cominciava a parlare con una certa insistenza di uno strano concetto, la cosiddetta "rete delle reti", che aveva il "*potere*" di connettere i computer in tutto il mondo. Bill Gates nel 1995 scrisse il memo "*The Internet Tidal Wave*" (Internet è l'onda di marea) nel quale dichiarò che Internet sarebbe stata *"Lo sviluppo più importante dall'avvento dei PC"*.

Nell'estate di quell'anno, venne rilasciata la prima versione di *Internet Explorer.*

LA NASCITA DI LINUX

Non si può parlare della storia del computer senza introdurre anche quello che da molti venne definito "*il terzo incomodo*". Fino a questo momento abbiamo visto il delinearsi delle due società che ancora oggi si dividono grosse fette del mercato informatico.
Durante il nostro percorso mirabolante attraverso la storia, ci siamo imbattuti anche in quella che è stata la logica ispiratrice del mondo hacker, cioè che l'accesso all'informatica debba essere accessibile a tutti e per questo esente da costi.

Il kernel Linux, ed i sistemi operativi nati dal suo sviluppo hanno una notevole importanza proprio in quanto introducono un principio di libertà d'uso e di sviluppo non vincolato dai costi delle licenze.
Per capire l'ambiente che ha portato allo sviluppo di Linux dobbiamo prima affondare le mani e capire bene cos'è il progetto **GNU**. Si, avete capito bene! Gnu, proprio come quegli strani animali africani il cui aspetto può essere considerato intermedio tra l'antilope, il bue e il cavallo.

La storia del *free software* (Libero e non gratuito!) inizia nel 1985, quando, negli Stati Uniti, **Richard Stallman** pubblica il manifesto Gnu, al termine di un lungo percorso di riflessione iniziato negli anni '70.
A quell'epoca Stallman era *l'ultimo custode dell'etica hacker sviluppata al MIT*. Quei principi assimilati durante gli anni di permanenza all'"**Ia-Lab**", il laboratorio di intelligenza artificiale di Boston, diventarono le linee guida per la sua opera più conosciuta, "**Emacs**".
Emacs era un editor di testo libero estremamente versatile che permetteva la personalizzazione illimitata da parte degli utenti: la sua architettura aperta incoraggiò le persone ad aggiungervi nuove funzionalità e a migliorarlo senza sosta.
Stallman distribuiva gratis il programma a chiunque accettasse la sua unica condizione: **rendere disponibili tutte le estensioni apportate, in modo da collaborare al miglioramento continuo, che diviene quasi subito l'editor di testi standard nei dipartimenti universitari di informatica.**

Con la stessa logica, il 27 settembre 1983 egli diede origine al progetto

GNU.

Figura 100 Richard Stallman è uno dei principali esponenti del movimento del software libero. Nel settembre del 1983 diede avvio al progetto GNU

Il termine Gnu è un "***acronimo ricorsivo***", cioè una sigla definita nei termini di se stessa: le lettere Gnu, infatti, sono le iniziali della frase "***Gnu's Not Unix***", che in italiano significa "Gnu non è Unix".

Figura 101 Il progetto GNU è un progetto collaborativo lanciato il 27 settembre 1983, un sistema operativo Unix-like completo.

Lo scopo ultimo di Gnu è la creazione di un **Sistema Operativo composto esclusivamente da software libero,** i software prodotti nell'ambito del progetto sono sviluppati esclusivamente grazie a una comunità di programmatori che regolarmente sceglie di mettere in condivisione fra loro, tutte le modifiche al codice effettuate in modo che esso sia sempre disponibile.

Il cuore di tutta l'attività è a tutt'oggi la licenza chiamata **Gnu General Public License** (*GNU GPL*), che sancisce e protegge le libertà fondamentali, che permettono l'uso e lo sviluppo collettivo e naturale del software.

Il kernel **Linux** rappresenta dal punto di vista del software l'incarnazione (sì, lo so che non si può usare questo termine se parliamo di software, ma non potete negare che renda efficacemente l'idea!), del progetto Gnu.

Di Linux, oggi si fa un gran parlare, ma si sa pochissimo del suo ideatore, **Linus Torvalds**.

Figura 102 Linus Benedict Torvalds, l'autore della prima versione del kernel Linux

In effetti, non è facile trovare informazioni ufficiali sul genio finlandese. Non dispone di un ufficio stampa, ed è bene attento a non seminare per la rete schede bibliografiche.

Linus Benedict Torvalds, è nato a Helsinki il 28 dicembre 1969 da una famiglia appartenente alla minoranza finlandese di lingua svedese.

Lars Wirzenius, compagno e amico delle prime avventure informatiche, racconta come il giovane Linus amasse intrattenersi con videogame vari, il preferito era "**Prince of Persia**", ma anche "**Doom**" e "**Quake**", i primi "sparatutto".

Egli iniziò ad utilizzare un computer dall'età di undici anni, dopo che suo nonno, docente di matematica e statistica all'università, gli regalò nel 1980 un **Commodore**.

La vicenda interessante però ebbe inizio mentre frequentava l'università, siamo in un periodo compreso tra il 1988 e il 1996, al

termine del quale conseguirà la laurea in informatica con una tesi intitolata "*Linux: A Portable Operating System*".
Qui egli si imbatte in *Minix*, un sistema operativo realizzato per scopi didattici dal professor **Andrew Tanenbaum**, docente ordinario di Sistemi di rete all'università di Amsterdam.
Minix era molto simile a Unix, ma poteva essere eseguito su di un comune personal computer.
Tale sistema operativo veniva distribuito con il "*codice sorgente*" (vale a dire, con la possibilità di accedere al linguaggio di programmazione per poterlo modificare), ma la sua licenza di distribuzione vietava di apportare modifiche senza l'autorizzazione dell'autore, inoltre Linus si accorse che non supportava bene la nuova architettura del processore Intel *i386* a 32 bit, all'epoca tanto economica e popolare.
Ebbe inizio così una disputa di carattere tecnico tra lui e Tanenbaum in un *newsgroup di Usenet* (una rete mondiale formata da migliaia di server tra loro interconnessi, ognuno dei quali raccoglie articoli, news, messaggi, post).
Inizialmente Linus si pose il problema di migliorare Minix, ma non riuscendo nell'intento e trovando in Andrew Tanenbaum un interlocutore poco incline ai suggerimenti, decise di iniziare lo sviluppo di un kernel che permettesse di scrivere una versione gratuita di Unix.

L'idea di un sistema operativo free stava sempre più diffondendosi nelle università, anche perché cominciavano ad esserci delle condizioni favorevoli, come il decollo del progetto Gnu, la diminuzione dei prezzi dei PC Intel e la facile reperibilità di documentazione su Unix.
Ms-Dos dimostrava tutti i suoi limiti e iniziava a crescere un "*partito anti Microsoft*". Inoltre, Internet permetteva a più utenti di collaborare velocemente e semplicemente a progetti complessi a distanza. Unix dimostrava il suo valore, ma era ancora un prodotto **caro e complesso**.
Linus dichiarò anni dopo, che il suo progetto nacque per due ragioni. Non poteva permettersi un sistema operativo commerciale, e non trovò né in Dos, né in Windows, e tantomeno in Mimix, delle caratteristiche che lo soddisfassero.
Il 3 Luglio del 1991 attraverso un post su Usenet chiese quali erano le definizioni per gli standard **POSIX** (POSIX è un insieme di quindici documenti che sancisce quali devono essere i concetti base che vanno

seguiti durante la realizzazione del sistema operativo).

Ai primi di ottobre rilasciò la versione "*0*" annunciandola con un post. Questa sua decisione di sviluppare un sistema operativo ancora ispirato al "*vecchio*" Unix mandò su tutte le furie il professor Tanenbaum, il quale affermava che Linux nasceva obsoleto, in quanto era una riscrittura di qualcosa che esisteva già da vent'anni.

Inizialmente il neonato Linux per girare utilizzava, oltre al kernel di Torvalds, l'userspace di Minix. Successivamente, però egli decise di rendere il sistema indipendente e di assegnargli una licenza d'uso che consentisse a chiunque la libera modifica del codice e la condivise in rete.

Questa fu la scelta vincente, **il fatto che fosse disponibile in internet e che potesse essere liberamente scaricato, utilizzato, e modificato, produsse da subito un incredibile risultato**. Nel giro di pochi anni il progetto ha coalizzato centinaia di programmatori che, per lavoro o per hobby, si sono impegnati ad aggiornarne il codice.

Figura 103 Alcune tra le più famose distribuzioni di linux

Nel 1992 venne rilasciata la versione 0.12 che si presentò già relativamente stabile e in grado di supportare alcuni hardware.

Nel 1994 uscì la versione definitiva Linux 1.0, da cui cominciano a svilupparsi i primi **Sistemi Operativi** che vennero chiamati "**Distribuzioni**". Nascevano **RedHat**, **Debian** e **SUSE**, che sono ancora oggi tra le distribuzioni più note e diffuse.

Linux è tuttora, sotto copywrite di Linus Torvalds, ma diventò ufficialmente un software "***open source***", nel rispetto della General Public License del movimento Gnu Open Source.

Nel 1995 venne messa sul mercato una nuova distribuzione

commerciale di Linux, **Caldera Linux**.

Nel 1996 nacque "**Tux**", il pinguino simbolo di Linux. L'origine del nome è un acronimo, derivato da **Torvalds UniX**. Inoltre, il nome è assonante al termine inglese **tuxedo**, ovvero lo *smoking* (a cui il pinguino assomiglia grazie alla sua coda).
In perfetto stile "**open**", Tux venne disegnato nell'ambito di un concorso ed il vincitore fu **Larry Ewing**, che creò il suo pinguino utilizzando **Gimp**, un pacchetto grafico distribuito come free software.

Figura 104 Tux venne disegnato nell'ambito di un concorso utilizzando Gimp

Tra le migliaia di distribuzioni linux oggi esistenti, oltre a quelle già citate, vorrei menzionarne una che oggi sta riscuotendo un notevole successo.

Il suo nome è "**Ubuntu**". Nell'Aprile 2004, la **Canonical Ltd**, un'azienda britannica posseduta dall'imprenditore sudafricano **Mark Shuttleworth**, cominciò a coordinare un piccolo ma talentuoso e motivato gruppo di sviluppatori di software open source, con l'intento di dar vita ad una nuova e rivoluzionaria distribuzione di Linux.
Shuttleworth nacque a *Welkom*, in Sudafrica, il 18 settembre 1973, frequentò il *Diocesan College* ed in seguito ottenne una laurea *di Finance and Information Systems presso la University of Cape Town*.

Nel corso dell'ultimo anno di università, nel 1995, fondò **Thawte**, una società che si specializzò in certificati digitali e Internet privacy.
Negli anni dell'esplosione di Internet, Thawte diventò la *Certificate authority più importante al di fuori degli Stati Uniti*, tanto che nel 1999, la società venne acquistata dalla **Verisign** per un prezzo di 575 milioni di

dollari.
Questa vendita consentì a Shuttleworth, di togliersi diversi sfizi, tra quali c'è da annoverare anche il viaggio nello spazio.
Egli, infatti, fu uno dei primi "*Turisti spaziali*" e partecipò alla missione russa **Soyuz TM-34**, sborsando una cifra vicina ai **20 milioni di dollari** e per la quale si sottopose ad un addestramento della durata di un anno.

Figura 105 Mark Richard Shuttleworth, sudafricano Ceo di Canonical Ltd

Ubuntu ebbe origine da *Debian*, (distribuzione sul quale lo stesso Shuttleworth lavorò qualche anno prima) e venne pubblicata come *software libero sotto licenza Gnu Gpl*, distribuita gratuitamente e liberamente modificabile.
Le sue principali caratteristiche sono ancora oggi, la focalizzazione sull'utente e la facilità di utilizzo, i guadagni ottenuti dal supporto tecnico offerto da Canonical vengono riutilizzati per lo sviluppo delle versioni successive.
La prima versione ufficiale di Ubuntu fu rilasciata nell'ottobre 2004 e fu chiamata **Version** 4.10, in questo modo venne introdotto un sistema di numerazione, con il quale gli sviluppatori si impegnavano a rendere disponibili nuovi e costanti miglioramenti in ogni nuova versione.
La versione Ubuntu 4.10 ebbe anche un particolarissimo nome in codice, "***Warty Warthog***" (Facocero Verrucoso).
Da allora, ogni successivo rilascio venne caratterizzato da un particolare nome in codice allitterante, (cioè la stessa lettera iniziale).
Ad esempio la versione "5.04" fu nominata "***Hoary Hedgehog***" (Riccio Vegetariano), mentre le successive furono "***Breezy Badger***" (Tasso Arioso), "***Dapper Drake***" (Papero Signorile), ... e così via.

Per ogni nuova versione veniva coniato anche un nuovo pittoresco nome in codice.

Il nome Ubuntu deriva invece da un antico vocabolo zulu diffuso in varie parti dell'Africa meridionale, che tradotto letteralmente significa "*umanità*". Il termine viene utilizzato nel detto zulu "*umuntu ngumuntu ngabantu*", traducibile con "*io sono ciò che sono per merito di ciò che siamo tutti*". L'obiettivo è quello di portare questa idea nel mondo del software, dando un grande peso alla comunità di utenti partecipanti nello sviluppo del sistema operativo.

Figura 106 : Il Logo della distribuzione Ubuntu di Canonical.

Dopo circa sei anni dagli esordi, a partire dalla versione **Lucid Lynx** 10.04 (Lince Lucida). Canonical decise di cambiare in maniera radicale il marchio e l'aspetto grafico di Ubuntu.

Mark Shuttleworth spiegò che il rinnovamento derivava dall'esigenza di avere un aspetto più professionale.

Si scelsero il colore ***aubergine*** (melanzana), per indicare prodotti rivolti ad un'utenza aziendale, e il color ***arancione*** per indicare software rivolto prevalentemente all'utenza privata.

LA GUERRA DEI BROWSERS

Abbiamo già visto che la navigazione internet attraverso un browser è iniziata nel 1983 con *Mosaic*, che allora era l'unico strumento in grado di interpretare in maniera grafica le pagine in linguaggio HTML.

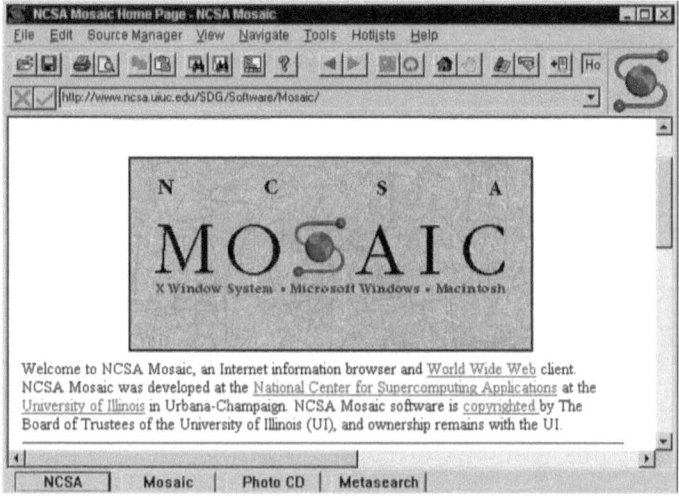

Figura 107 "Mosaic"- 1983

L'anno successivo, il 1984, fu segnato dall'uscita di "***Netscape Navigator***" quando ***Marc Andreessen***, uno dei programmatori che aveva partecipato al progetto Mosaic, decise di mettersi in proprio creando quello che fu definito il primo browser commerciale di successo.

Questo successo durò fino al 1995, quando ***Bill Gates*** ebbe la brillante idea di inserire ***Internet Explorer*** nell'installazione di ***Windows 95 SE***. Per la sua realizzazione, Microsoft acquistò da *Spyglass le licenze di utilizzo di Mosaic*, in modo da velocizzarne lo sviluppo e recuperare il terreno perso rispetto a Netscape. La dimensione di Explorer superava di poco 1 MB, e nel giro di pochi mesi (Novembre 1995), venne aggiornato alla versione 2, che fu la prima a supportare sia Windows che Mac ed a permettere l'utilizzo di pagine con codice javascript.

Con l'uscita di un ulteriore release di Windows 95, il 13 agosto 1996, arrivò ***Internet Explorer 3***, il primo browser di massa in grado di supportare, anche se parzialmente, *i CSS*. Lo so, sembrerebbe una banalità, ma immaginatevi il vantaggio di avere un browser già installato nel sistema operativo, risparmiandosi la fatica di andarne a cercare uno e di doverselo installare.

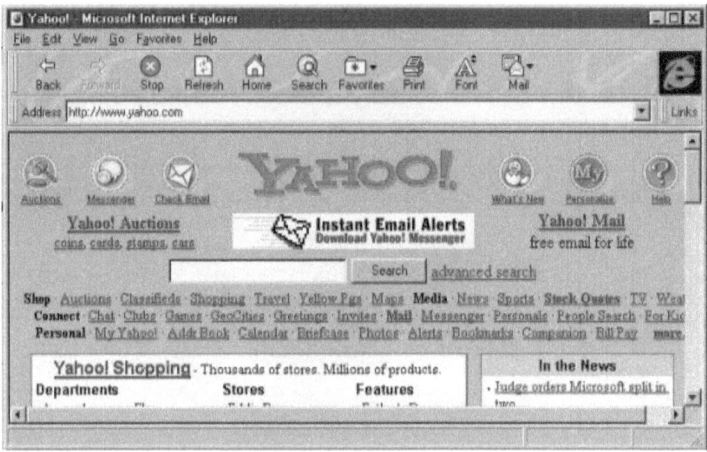

Figura 108 Microsoft Internet Explorer 3

Questo aspetto ha di fatto rappresentato la disfatta sul mercato di Netscape, tanto che divenne una delle premesse fondamentali del processo antitrust che fu avviato contro Microsoft. Questa mossa, ritenuta illegale e anticompetitiva, venne denunciata dai manager Netscape nel 1995.

Il ***Dipartimento di Giustizia degli Stati Uniti*** venne chiamato a esprimersi su un presunto accordo economico tra Microsoft e le aziende produttrici di PC, nel quale queste ultime avrebbero avuto degli sconti sulle licenze, se avessero "*dimenticato*" di includere Netscape nei software preinstallati. Ebbe inizio in questi anni quella che fu definita come la "***Prima guerra dei Browsers***". Lo scontro legale durò fino al 1997, quando Microsoft fu condannata per la sua posizione predominante sul mercato. La sentenza, tuttavia, arrivò troppo tardi per Netscape, ormai Internet Explorer era diventato il browser dominante.

Netscape continuò ad essere sviluppato come software indipendente fino al 2000, mentre dalla versione 8 prese il nome di Netscape Browser quando la società passò nelle mani di ***AOL***. Ne venne rilasciata un'ultima versione, la 9, dopo la quale, il primo marzo 2008, venne decretata la fine del progetto.

Microsoft aveva perso la battaglia legale, ma si era di fatto aggiudicata il mercato e aveva tolto di mezzo senza troppi ripensamenti l'avversario più competitivo.
Negli anni successivi però, lo sviluppo di Internet Explorer venne portato avanti in maniera irregolare, senza introdurre veri ed importanti cambiamenti e soprattutto, **senza rispettare le direttive del W3C** (Il World Wide Web Consortium, un'organizzazione non governativa internazionale che ha come scopo quello di sviluppare tutte le potenzialità del World Wide Web). Questa fase di stallo le si ritorse contro nel giro di pochissimo tempo.

Sappiamo bene che il mondo dell'informatica, soprattutto nell'ambito del web, non può permettersi di rimanere fermo, il mercato era impaziente e pretendeva dei cambiamenti che fossero al passo con la crescita di Internet. **Internet Explorer 6**, di fatto, non rispondeva più a questi requisiti.
A partire dal 2004 iniziarono ad affermarsi sul mercato browser con caratteristiche innovative (una su tutte era la possibilità di navigare contemporaneamente su diverse pagine utilizzando le "**schede**"). Spesso questi concorrenti fornirono gratuitamente i software o addirittura utilizzarono licenze open source, che permettevano di apportare anche importanti modifiche e miglioramenti.
Un altro aspetto assolutamente determinante fu il pieno rispetto degli standard W3C, che di fatto erano diventati sempre più importanti nella creazione delle pagine web, e che Microsoft in buona sostanza continuava ad ignorare.
Si diede inizio in questo modo alla "***Seconda guerra dei browsers***". Come era lecito aspettarsi, in poco tempo i concorrenti conquistarono una consistente quota di mercato, nonostante Microsoft abbia continuato a preinstallare Internet Explorer sui propri sistemi operativi.
Tra i browser che maggiormente hanno intaccato l'egemonia Microsoft, dobbiamo citare senz'altro **Mozilla Firefox**. Il progetto Firefox ebbe origine nel 1998, quando Netscape, prima di essere assorbita dal colosso America On Line (AOL), diede vita al progetto Mozilla, rilasciando il codice sorgente di Netscape 4 con licenza open source.
Il progetto Mozilla si proponeva di creare un browser innovativo, basato sul nuovo motore grafico *Gecko* e consentì a tutti, professionisti,

dilettanti, hacker e semplici utenti, di contribuire su base volontaria alla sua evoluzione.

La parola "*Mozilla*" risale al 1994 ed ha due possibili interpretazioni: qualcuno dice che fosse l'unione di "*Mo*", che riportava a Mosaic, e di "*-zilla*", da *Godzilla* il dinosauro (si tenga conto che in quegli anni le sale cinematografiche sfornavano in continuazione film dedicati a grandi animali preistorici che tornano in vita, tra cui lo storico "*Jurassic Park*").

Figura 109 : Il logo di Mozilla Firefx

Ma come al solito c'è un'altra scuola di pensiero, quella che sostiene che il nome fosse una contrazione di "*Mosaic-Killer*", e quindi indicasse il browser destinato a succedere a Mosaic.

La collaborazione avanzata derivante dallo standard open source mise in grado la "*Mozilla Organization*", il nucleo di ex dipendenti Netscape ora assunti da AOL, di creare in breve tempo quella che venne chiamata "*Mozilla Application Suite*", un insieme di software che potevano essere installati su diversi sistemi operativi (Windows, GNU/Linux, Mac OS, OS/2 e Solaris) nella quale, oltre al browser, erano inclusi anche un client di posta elettronica, un editor di pagine html ed una rubrica.

Nel 2003, AOL decise di smantellare la "*Mozilla Organization*", ma i partecipanti al progetto continuarono autonomamente lo sviluppo della suite, costituendo la "*Mozilla Foundation*".

Nel settembre 2002 venne avviata la sperimentazione su un browser derivato dal codice sorgente di Mozilla.

Quanto è difficile dare un nome alle cose? Chiunque abbia dovuto dare un nome ad un figlio, ad un progetto, o ad una qualsiasi attività, sa bene che assegnare un nome, oltre che una bella responsabilità, è alquanto difficile.

E non fu facile nemmeno per la Mozilla Foundation, quando dovette pensare di dare un nome al proprio nuovissimo ed innovativo browser. Il primo nome scelto fu *Phoenix* (Fenice) a simboleggiare la rinascita

di Netscape dalle sue ceneri, era perfetto, incarnava esattamente la storia del progetto, ma ci si accorse che il nome era già in uso sul mercato (c'era la Phoenix Technologies).
La seconda scelta fu **Firebird**, a sua volta abbandonato perché in conflitto con il database Firebird SQL.
Alla fine, la scelta ricadde sulla **volpe di fuoco**! Nel 2002 nacque quindi ufficialmente il progetto "**Mozilla Firefox**".
Un altro concorrente degno di nota fu "**Opera**" un browser esistente fin dal 1994, ma che fino al 2005 era poco diffuso perché a pagamento. **Safari** fu il browser predefinito sui sistemi **Mac** dal 2003 e divenne disponibile per Windows dal 2007.

Ma se parliamo di browser non possiamo non citare **Google**, non perché Google sia un browser di per sé, come credono spesso i miei studenti, ma perché Google, dall'alto della sua potenza economica e dato il suo interesse verso ogni innovazione, non ha saputo esimersi nel 2008 dal regalarci anche un suo software per esplorare il fantasmagorico mondo di internet. Il nome del progetto fu Google Chrome, browser a cui, man mano, sono state aggiunte enormi funzionalità.

Figura 110 Il Logo di Google Chrome

Insomma, la "**Seconda guerra dei browsers**" è decisamente ancora in corso e non sembra ci sia in vista nessun periodo di tregua. Se volessimo per un attimo fare gli storici e ci volessimo avventurare in un'analisi delle due guerre fin qui citate, potremmo affermare che: se nella prima guerra dei browsers abbiamo assistito al "colpo di stato" di Microsoft per aggiudicarsi il "**governo**" della navigazione su internet, la seconda somiglia molto di più ad una sorta di "**guerra civile**". Una battaglia "tutti contro tutti", in cui il vincitore è chi offre il migliore e più accattivante servizio agli utenti.

A VOLTE SERVE ACCORDARSI

Abbiamo divagato abbondantemente, abbandonandoci alle moltissime strade che la corsa allo sviluppo dei computer ci ha messo dinnanzi. Ma adesso è giunto il momento di tornare sui nostri passi e scoprire cosa sta succedendo in quella fetta di mondo che abbiamo lasciato in sospeso.
Siamo arrivati al 1985, con Microsoft che spopolava nelle vendite grazie a Windows 95.
Dall'altra parte della barricata, invece, troviamo Steve Jobs che, lasciata la Apple, aveva creato la Next che nonostante i successi non riscosse grandissimi introiti economici.
Jobs però non smise mai di guardare avanti e nel 1986 si mosse sul mercato acquistando al costo di **dieci milioni di dollari** dalla "***LucasFilms***", (la famosa casa creatrice della saga di "Guerre stellari") una piccola società, la ***Pixar***.
Pixar in quegli anni si occupava di grafica al computer, sia dal punto di vista software che hardware.

Figura 111 I successi di Pixar

Il suo principale prodotto era una workstation grafica sviluppata per gestire ed elaborare immagini di grandi dimensioni.
I progetti hardware della società non ebbero molto successo, ben diverso invece fu il riscontro che ottennero i cortometraggi e lo sviluppo di software per la computer grafica, che dimostrarono una strada enormemente più produttiva.

Il nuovo CEO effettuò una profonda riorganizzazione dell'azienda, eliminando la parte hardware e concentrandosi totalmente sull'animazione. Nacquero così "**Pixar Animation Studios**".

Figura 112 Il cortometraggio "Tin Toy" del 1988, a cui fu assegnato il "Premio Oscar"

Tra i vari cortometraggi, quello di certo più importante fu "**Tin Toy**" del 1988, che divenne il primo cortometraggio in computer grafica a cui venne assegnato il **premio Oscar**.

In questo cortometraggio comparve per la prima volta una figura umana, un bambino che terrorizzava i giocattoli e questi ultimi, dotati di una volontà propria, scappavano a nascondersi. Questo cartone animato digitale sarà l'embrione dalla cui idea nascerà il film di animazione "**Toy Story - Il mondo dei giocattoli**" che uscì nel 1995. *Fu un successo? Lo lascio giudicare a voi…*

Figura 113 I protagonisti del cartone animato Toy Story

Ha incassato 356.800.000 dollari in tutto il mondo, diventando il film con il maggior incasso dell'anno. Si è piazzato al sessantacinquesimo posto nella lista dei film che hanno venduto di più in assoluto.

A questo successo enorme ne seguì un altro nel 1998, "**A Bug's Life**", che contribuì a rendere Pixar famosa in tutto il mondo.

Figura 114 Una scena del cartone animato A Bug's Life - Megaminimondo (1998)

La svolta definitiva per l'azienda arrivò nel gennaio 2006, quando Pixar venne acquistata dalla multinazionale dell'intrattenimento "*The Walt Disney Company*", di cui è tuttora parte.

Siamo nel 1996, Apple, a fronte del crescente successo dei PC, stava vivendo un periodo di profonda crisi, perdendo costantemente quote di mercato, fino a conservare solo due mercati di nicchia, quello della progettazione grafica e della musica.

Le cose, nel frattempo, peggioravano anche in azienda, il **Newton**, il modello di computer palmare lanciato nell'estate del 1993, non ebbe il successo di vendite sperato e di conseguenza cominciarono i licenziamenti di massa, mentre sul mercato azionario il titolo era sceso al minimo storico.

Il sistema operativo "**Mac OS**", montato sulle macchine Apple, era ormai datato e l'azienda aveva necessità di offrire qualcosa di nuovo sul mercato.

Si decise pertanto di acquistare una software house che avesse un sistema operativo moderno, da adattare ai nuovi PowerPC.

All'inizio la società pensò all'acquisizione della **Be Inc**, la compagnia fondata da **Jean-Louis Gassée** nel 1990, che venne poi venduta alla **Palm Inc** nel 2001.

BeOS era il maggiore candidato a diventare il nuovo sistema operativo di Apple ed era già in corso la portabilità per l'architettura PowerPC.

In Apple però cominciò a farsi strada l'idea che solo Steve Jobs avrebbe potuto salvare la situazione dell'azienda.

Nel 1997, Apple Computer contattò Jobs, il quale accettò di entrare di nuovo in azienda a condizione che venisse acquisita anche la *NeXT*.

L'affare andò in porto e il **NextStep** divenne la base di quello che fu il futuro OS di Apple, il **Mac OS X**.

Jobs, in qualità di consulente, divenne consigliere personale del presidente **Gil Amelio** che pochi mesi dopo, l'11 luglio 1997, fu praticamente costretto a dare le dimissioni.

Immaginatevi la scena, oppure se preferite date un'occhiata ai video presenti su Youtube. Siamo al Macworld di Boston, Jobs vestito con maglietta bianca e gilet nero, passeggiava come suo solito, avanti e indietro sul palco, introducendo i partner strategici di Apple.

Ad un certo punto, sullo schermo alle sue spalle spuntò il nome Microsoft, il pubblico era fortemente diviso tra chi applaudiva e chi invece fischiava.

Dopo qualche istante, sullo schermo apparve un volto sorridente, era quello di Bill Gates, intervenuto per dare la notizia dell'accordo storico tra le due aziende.

Microsoft acquistò un pacchetto azionario della Apple, senza diritto di voto in assemblea, da **150 milioni di dollari**, con la promessa dell'immediata ripresa dello sviluppo di **Word e di Excel su Macintosh**, che si erano interrotti bruscamente dopo l'uscita di Windows.

L'azienda di Redmond, dal canto suo, ottenne che i Mac per cinque anni uscissero dotati di **Microsoft Internet Explorer** come unico browser e venne inoltre concordata l'immediata **cessazione di tutte le cause legali** per l'accusa di furto dell'interfaccia grafica.

Diciamocelo, l'accordo checché se ne possa pensare, fu una sorta di **toccasana per entrambe le società**. La guerra legale era estremamente costosa per Apple, che aveva un disperato bisogno di andare oltre MacOs, ma anche per Microsoft, che era a sua volta impegnata nell'altra battaglia giudiziaria con Netscape.

Il 16 settembre dello stesso anno, Jobs divenne "**Chief Executive Officer**" (CEO) ad interim, senza stipendio, o meglio con un compenso simbolico di un dollaro l'anno.

In una recente intervista rilasciata al sito "**Cult Of Mac**", **Ken Segall**, direttore creativo della **TBWA**, l'agenzia che da sempre ha lavorato con Jobs, inventando le campagne pubblicitarie per Apple e per Next, racconta qualche scorcio di quel periodo drammatico, in cui a Jobs venne chiesto di salvare l'azienda, ed egli rischiò grosso puntando tutto su una nuova linea di Macintosh. "**Apple...**", racconta Segall...

"...era a sei mesi dal fallimento, e Jobs nel tentativo di salvarla evitando ulteriori tagli di personale (vennero licenziati circa tremila dipendenti in un anno), aveva bisogno di ricordare alla gente ciò che l'azienda rappresentava, sia per i clienti che per il personale.
Il modo migliore per dire al mondo che cosa fosse Apple era senza alcun dubbio una nuova campagna pubblicitaria".

La nuova linea di Mac, fortemente voluta da Jobs e disegnata dal designer **Jony Ive**, venne presentata al pubblico il 7 maggio 1998, fu un impatto grandioso che lasciò senza fiato gli operatori del settore.
Il team della TBWA, in breve tempo giunse alla conclusione che Apple non è come le altre aziende. Non segue le regole. *"Pensa differente"*

Lo slogan "**Think different**" era perfetto e descriveva esattamente sia la storia dell'azienda che la nuova linea di computer, gli "*iMac*".
Inoltre, rimarcava la storica rivalità con IBM e con lo slogan "Think" di cui vi ho raccontato qualche capitolo fa.

Figura 115 La campagna "Think Diferent" di Apple

L'iMac fu un modello di personal computer all-in-one, cioè comprendente il monitor e le altre componenti nello stesso telaio. In questo modo veniva ridotto notevolmente l'ingombro sulla scrivania, ma non si limitò a questo.
In perfetta filosofia Apple, i nuovi Macintosh erano semplici da usare, perfetti per navigare in internet ed avevano caratteristiche assolutamente uniche; delle forme sinuose ed accattivanti e soprattutto erano colorati.
Finalmente il computer non era più un oggetto da nascondere sotto ad una scrivania, ma diventava bello da vedere, con colori vivaci e un design di cui essere orgogliosi. Lo slogan degli iMac diceva:
"Sorry, no beige!"

(spiacenti, niente beige!)

L'iMac fu il computer che si vendette con maggior rapidità nella storia dell'informatica. La situazione della Apple, che alla fine del 1997 registrava un miliardo e quaranta milioni di dollari di perdite, migliorò sensibilmente con un utile a fine 1998 di oltre 309 milioni di dollari.

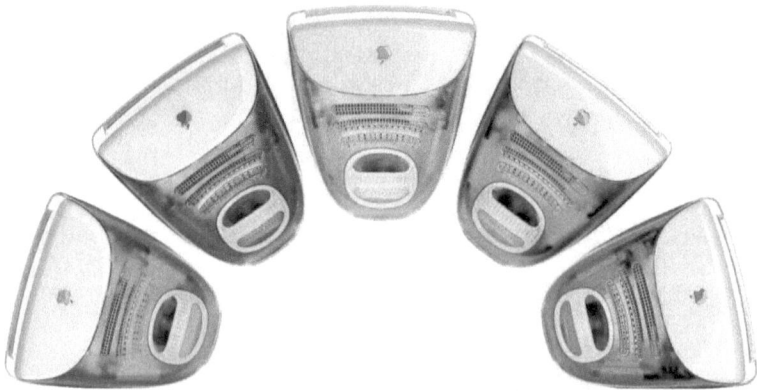

Figura 116 : Ecco iMac ... "Sorry, no beige!"

Dal canto suo, Microsoft, nonostante le indagini dell'Antitrust in corso, proseguì senza interruzione la sua strada verso il successo presentando il suo nuovo sistema operativo, **Windows 98**.
Rispetto al suo predecessore, '98 presentava un supporto migliorato per l'hardware come USB, MMX e AGP. L'interfaccia grafica venne migliorata tramite **Active desktop** e in generale il sistema risultò essere più affidabile rispetto a Windows 95.

Ok, adesso che abbiamo un po' più chiaro lo stato delle cose tra le due aziende leader del mercato, vi pongo una domanda.
Perché Internet Explorer è stato così strategico per Microsoft?
Per quale motivo lo ha imposto con decisione nei propri sistemi operativi imbarcandosi in una guerra annunciata con Netscape, e perché ha insistito tanto per poter inserire il browser anche sui Mac?
Beh, è presto detto, perché internet stava crescendo velocemente. Nel 1991, come abbiamo visto, era stato lanciato il protocollo "www" (Word Wide Web) e già nel 1993 erano presenti oltre seicento siti, e un numero di utenti che si aggirava intorno ai dieci milioni.
Bill Gates aveva ben chiaro in mente che il futuro si sarebbe giocato in rete.

METTI LA MUSICA IN TASCA... E NAVIGA

Perfetto, avete letto il titolo del capitolo e i vostri dubbi sulla mia sanità mentale si stanno facendo più concreti, per quanto la mia pazzia sia cosa ormai conclamata, credo che nessuno di voi possa negare il fatto che la musica, o meglio che il modo di ascoltare la musica, abbia giocato un ruolo fondamentale per lo sviluppo dei sistemi di comunicazione.

Facciamo un po' di ordine, o almeno proviamoci.

Arrivati fin qui, vi sarete probabilmente resi conto che mai una vicenda percorre la sua strada da sola nella storia, è sempre accompagnata da altre storie che la completano, qualche volta la ostacolano e a volte la spiegano.

Ma di che cosa diamine stiamo parlando?

Stiamo accennando a come si ascolta la musica, o meglio, a come la si ascoltava tra gli anni Ottanta e novanta, quando fece la sua comparsa uno "***strumento***" noto a tutti quelli che oggi si trovano a galleggiare nel mare della vita in una fascia di età compresa tra i trenta e i quarant'anni. Il primo grande passo di questo cambiamento ci fu nel 1979, quando la casa giapponese Sony lanciò sul mercato il "***Sony Walkman***".

Figura 117 Il Sony Walkman - 1980

Questo oggetto ebbe una diffusione tanto capillare da diventare il simbolo di una generazione. Il termine "***Walkman***" entrò di diritto nel gergo comune e finì con l'identificare qualsiasi lettore di audiocassette portatile, anche se non prodotto dalla Sony.

Accadeva un po' in tutto il mondo una piccola rivoluzione, per la prima volta nella storia, infatti, diventava possibile portare la propria musica sempre con sé ed ascoltarla in ogni luogo, prima con le cassette a nastro magnetico e più tardi con i CD (Compact Disc). Questi oggetti divennero di uso comune ed entrarono a far parte della vita delle persone, la musica diventava "***portatile***" e poteva essere ascoltata per la strada, in autobus, in bicicletta, o in un luogo pieno di gente... bastava dotarsi del prezioso Walkman e di un paio di cuffie.

Il Walkman fu uno tra i prodotti più venduti degli anni Ottanta e divenne a tutti gli effetti l'icona di una generazione.

Ah, giusto! già che mi trovo a parlarne, a proposito dei CD, pare vi sia un piccolo mistero legato alla loro durata. Prima di arrivare alla capienza massima di novanta minuti che troviamo attualmente, i primi dischi ottici potevano immagazzinare 74 minuti e 33 secondi di musica. Un tempo strano, quasi incomprensibile, *Perché quei 33 secondi?*

Ebbene, sappiate che la colpa è di ***Beethoven***! Avete letto bene: quei 74 minuti e 33 secondi furono scelti per consentire al nuovo formato di contenere la registrazione della ***Nona Sinfonia***, diretta da ***Furtwängler*** nel 1951 al Festival di ***Bayreuth***. Certo, dovete anche sapere, che come spesso capita, la vicenda è descritta tra gli incerti confini della leggenda e probabilmente è più complessa di quanto qui riportato, ma pare vi siano state storicamente anche delle conferme.

Ecco, ci siamo, abbiamo capito che ad un certo punto della storia, divenne possibile "***portare in giro la propria musica***", ma la rivoluzione non si fermò qui, perché negli anni Novanta, si scoprì che un brano audio o video poteva essere ridotto in pochi megabyte e divenne possibile addirittura farlo circolare attraverso internet.

Questa innovazione fu il preludio ad una seconda insurrezione silenziosa nel campo della musica, ma forse è meglio dire che la vera

rivoluzione è avvenuta nel campo della discografia.
Partiamo ancora una volta dall'Italia, precisamente da Torino, ci troviamo nei laboratori del ***Cselt***, il "Centro Studi e Laboratori Telecomunicazioni".

Il Cselt è uno storico istituto di ricerca nel campo delle telecomunicazioni, che oggi è in gran parte confluito in Telecom Italia Lab (società del gruppo Telecom Italia). Dalla sua apertura nel 1961 l'Istituto si dedicò allo studio degli apparati di commutazione telefonica della rete nazionale italiana, per migliorarne e garantirne l'affidabilità.
Da questa esigenza nacquero molti filoni di ricerca, come lo studio della trasmissione dei segnali tramite fibre ottiche, la conversione del segnale vocale in digitale e, non ultimo, lo studio e la gestione del traffico sulla rete.

La vicenda che ci interessa ha però la sua origine nel 1988 quando i laboratori torinesi sfornano il ***Moving Picture Experts Group***, il cui acronimo è **MPEG**. L'esigenza di base era quella di cercare degli algoritmi efficaci per il trattamento dei segnali audio e video che consentissero di avere dei file di dimensioni non eccessivamente grandi: si pensi ad esempio che un file audio di qualità CD di cinque minuti occupava circa cinquanta Mb.

Con l'Mpeg divenne possibile sviluppare dei sistemi standard per comprimere dei segnali audio video. L'applicazione primaria del Moving Picture Experts Group fu la commercializzazione di film in DVD e lo sviluppo delle trasmissioni satellitari (DBS).

Inoltre, come se la scoperta non avesse già da sola contribuito ad un notevole sviluppo tecnologico si cominciarono ad utilizzare anche dei sottosistemi dell'Mpeg che prevedevano la compressione del suono. Tra questi ce ne fu uno che acquistò un incredibile celebrità tra tutti gli appassionati di musica, l'***Mpeg Layer-3***, che venne aggiunto nel 1991.

Il layer-3 venne creato dal ***Fraunhofer IIS*** (Institut Itegrierte Schaltungen) in Germania ed è sicuramente meglio conosciuto con il suo acronimo, l'***MP3***.

Attraverso la compressione mp3 divenne possibile ridurre notevolmente la grandezza dei file contenenti brani musicali, senza perdere la qualità del suono e di conseguenza divenne possibile farli circolare attraverso la rete.

Proviamo ad immaginarci un caldo giorno di Giugno del 1999, **Sean Parker** e **Shawn Fanning**, due studenti della **Oakton High School**, in *Virginia*, creano un software in grado di scaricare e condividere file musicali utilizzando proprio il formato di compressione "***mp3***", questo sistema venne chiamato "***Napster***".

Figura 118 Il logo di Napster

Il suo successo fu immediato e in meno di un anno di attività, raggiunse *25 milioni di utenti*, per arrivare a superare i 70 milioni di registrati nel suo momento di maggior picco.
L'immediato ed inaspettato successo, fu però anche causa di numerosi guai, in quanto moltissimi musicisti e soprattutto le case discografiche, videro nella nuova piattaforma un pericolo per il loro modello di ricavi. Tra i vari artisti, i *Metallica* e i *Dr. Dre*, furono tra i primi a far causa a Napster, proprio per tematiche legate ai diritti d'autore.

La vicenda giudiziaria fu lunga e travagliata, ma nel luglio del 2000, l'***Associazione Americana dell'industria Discografica*** ottenne la chiusura di Napster.
Nel luglio 2001 un giudice ordinò ai server Napster di chiudere l'attività e il 24 settembre 2001 la sentenza fu parzialmente eseguita. L'accordo prevedeva, inoltre, che Napster pagasse ***ventisei milioni di dollari*** come risarcimento per i danni del passato, per utilizzo non autorizzato di brani musicali e ***dieci milioni di dollari per royalties future***.
Nel tentativo di pagare queste multe, Napster tentò di convertire il servizio da gratuito a pagamento facendo un accordo con

Bertelsmann AG.
Un prototipo del sistema fu testato nella primavera del 2002, ma non fu mai reso pubblicamente disponibile.
La società di Parker a quel punto aveva in cassa *7,9 milioni di dollari e ben 101 milioni di debiti,* fu costretta così a chiedere il *Chapter 11* (che per il fisco americano rappresenta una sorta di fallimento controllato).
Dal novembre 2002 il marchio e logo Napster sono di proprietà della **Roxio Inc,** una divisione della **Sonic Solutions**, che, investendo cinque milioni di dollari nell'acquisto, sperava di capitalizzare la popolarità del vecchio servizio.

Nell'ottobre 2003 nacque ufficialmente **Napster 2.0,** non era più un servizio *"peer to peer"* (un tipo di connessione informatica dove ogni computer immesso in una rete si comporta sia da server che da client), ma un provider di musica online, in cui la musica può essere acquistata.

Questo modello di condivisione delle risorse fu di esempio e di ispirazione per moltissimi altri sviluppatori, le cui piattaforme hanno dato origine ad un vero e proprio sistema di scambio tra gli utenti di internet.

Tanto per citarne qualcuna, potremmo parlare di **Emule**, **Kazaa**, **Morpheus**, **Bearshare**, **Gnutella**, **Limewire**... ma l'elenco potrebbe sicuramente continuare.
Ritroveremo più avanti la figura di **Sean Parker**, tra i co-fondatori di **Facebook**, mentre il suo ex socio **Shawn Fanning**, che ai tempi di Napster era ancora studente alla Northeastern University di Boston, nel 2003 fondò **Snocap** (un distributore di musica), insieme a due soci: **Jordan Mendelson** e **Ron Conway.**

L'mp3 era diventato il formato ideale per poter condividere la musica, la si poteva scaricare da internet, e la si poteva ascoltare sul proprio computer.
In tutto questo però mancava ancora un tassello, la possibilità di portarsela a spasso, come era stato possibile fare con i *Walkman*.
Qualche casa produttrice di Walkman cominciò a creare i cosiddetti *lettori mp3*, nei quali il **CD** diventava un contenitore per quel tipo di files.

A parità di capienza, se nel formato normale un CD poteva contenere al massimo ottanta minuti di musica, utilizzando il formato mp3, era possibile immagazzinare fino a **700 MB** di dati.
Se si tiene conto che una canzone compressa in formato mp3, può occupare in linea di massima dai *3 ai 10 Mb*, potrete rendervi conto della quantità di musica che era possibile far entrare in un CD.

Ma anche qui, Apple seppe inventare qualcosa di assolutamente nuovo.

Nel febbraio 2001, in concomitanza con la manifestazione **MacWorld di Tokyo**, **Jon Rubinstein** fece visita alla **Toshiba**. Rubinstein all'epoca era il responsabile in capo dell'Hardware Engineering di Apple, mentre Toshiba il fornitore ufficiale dei dischi fissi usati nei Macintosh.
I dirigenti dell'azienda giapponese gli mostrarono dei prototipi di nuovi dischi spessi solo 1,8 pollici e molto più sottili di quelli da 2,5 pollici utilizzati nei computer portatili.
Toshiba non aveva ancora individuato un utilizzo per i nuovi dischi, ma per Rubinstein, era tutto chiaro:
Si trattava di un altro elemento fondamentale di quello che sarebbe stato un altro piccolo oggetto rivoluzionario marchiato Apple.
Dopo aver parlato con Steve Jobs, ebbe l'OK definitivo per procedere con lo sviluppo del progetto:
l'obiettivo era quello di avere un prodotto in commercio entro l'autunno, per sfruttare il periodo degli acquisti natalizi.
Il passo successivo di Rubinstein fu quello di chiamare in Apple **Tony Fadell**, brillante consulente che aveva lavorato su dispositivi portatili alla *General Magic* e alla *Philips*, che aveva già una significativa esperienza con i lettori Mp3.
Fadell venne messo a capo di un team di trenta persone tra progettisti hardware, programmatori e designer che *assemblò in gran segreto un dispositivo combinando tecnologie in commercio con altre sviluppate internamente.*

Il 23 ottobre 2001 Steve Jobs, convocati i media per un "**Apple Music Event**" (il primo di tanti), si presentò sul palco e dicendo qualcosa tipo: "***Noi di Apple amiamo la musica***", ... ed estrasse dalla tasca un piccolo oggetto, l'ennesima magia di Apple, e lo presentò al mondo, il suo nome era "***iPod***".

Anche questa volta l'idea fu un successo, con un disco interno da 5 Gigabyte, la musica poteva essere comodamente portata in giro. In un piccolo oggetto era possibile immagazzinare migliaia di canzoni.

La circuiteria di base dell'iPod fu realizzata dalla **PortalPlayer**, che lavorava a player audio digitali da anni, e che per otto mesi si dedicò interamente a soddisfare le richieste di Jobs.

Per lo schermo e l'alimentazione furono utilizzate tecnologie di Apple, così come di Apple era la velocissima connettività **Firewire**.

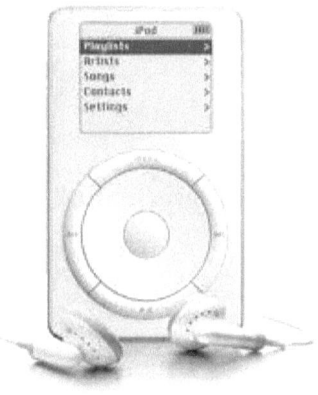

Figura 119 Il primo iPod

Il *sistema operativo* dell'iPod venne fornito dalla **Pixo**, azienda fondata da un ex progettista Apple, **Paul Mercer**, che da anni si dedicava a tablet, palmari e cellulari.

L'interfaccia venne ideata "*in casa*" e realizzata in tre mesi, come sistema di controllo si implementò l'idea proposta da **Phil Schiller**, braccio destro di Jobs: **una ghiera cliccabile grazie a cui navigare rapidamente tra dischi, autori, generi e brani**.

Nel 2000 Apple aveva rilevato il software "**Sound Jam MP**", uno dei migliori programmi audio consumer per Macintosh, e nel gennaio 2001 lo aveva presentato, rinnovato nell'interfaccia, con il nome di "*iTunes*", che rappresentava la base ideale per gestire dal computer la musica e trasferirla poi su iPod.

IL FUTURO È GIÀ COMINCIATO

Windows 98 venne rilasciato il 25 giugno del 1998. Il prezzo della versione completa era di *209 dollari*, mentre per i possessori delle precedenti versioni di Windows era possibile effettuare un aggiornamento al prezzo di *109 dollari*. Come abbiamo già visto nei capitoli precedenti, il nuovo sistema operativo era dotato di un notevole *database di driver* e disponeva di *tecnologia Plug and Play*.

Purtroppo, però ci si accorse presto che la versione originale di '98 soffriva di crash improvvisi, da addebitarsi principalmente a un'irregolare integrazione con Internet Explorer e a driver non sempre stabili.
Un'altra lacuna del sistema fu l'impossibilità di gestire i dispositivi di memorizzazione USB, ma in questo caso la responsabilità non fu di Microsoft, poiché la tecnologia esplose solo dopo il rilascio di Windows 98 stesso.

*Figura 120
Windows 98,
la schermata
di avvio*

Nel maggio del 1999 venne quindi rilasciato **Windows 98 SE** (dove la sigla SE stava per Second Edition), il costo dell'aggiornamento, perché come sappiamo ormai molto bene, raramente Microsoft regala qualcosa, era di *19 dollari e novantacinque*. Tale versione è ritenuta

tutt'oggi la versione più stabile di tutto il ramo 9x di Windows.
La versione SE migliorava la stabilità del sistema, integrava senza problemi Internet Explorer 5, aggiungeva il supporto nativo al Pentium III, integrava il simbolo dell'euro, ed aggiungeva una seppur rudimentale gestione delle Pendrive USB.

Figura 121 Il PowerMac G4

Sull'onda del successo dei primi iMac colorati, Apple lanciò nel 1999 la linea **Power Mac**, in particolare il **G4**, un computer pensato principalmente per l'utilizzo di software come **Final Cut Pro** ed altri programmi di editing audio e video.
Era così potente che il governo americano lo classificò come potenziale arma.
Sempre nello stesso anno venne anche rilasciato il primo modello di **iBook G3**, che si presentava con un inusuale ed accattivante guscio a forma di conchiglia colorata.

Il 17 febbraio 2000, l'azienda di Redmond rilasciò il successore di Windows NT, cioè il sistema operativo destinato ad un'utenza professionale. Il nome del progetto fu "**Windows 2000**", ed era un sistema operativo con interfaccia grafica a 32 bit; come il predecessore venne concepito in due versioni, quella standard per i "*client*" e la versione "*Server*".
Windows 2000 ha rappresentato un'obiettiva evoluzione rispetto alla versione precedente. Era dotato di un'interfaccia utente rinnovata e di molte innovazioni tecnologiche, fra le quali: "**Active Directory**" cioè

l'evoluzione del sistema a domini di Windows NT, una versione rinnovata della gestione del File System, e non ultimo il "*Plug and play*", che consentiva la configurazione automatica dell'hardware. Un'altra caratteristica importante fu la *gestione del risparmio energetico*, che ne permetteva l'uso anche sui sistemi portatili.

Figura 122 La schermata di avvio di Windows 2000

Windows 2000 riscontrò un notevole successo di vendite, molte imprese hanno adottato la versione **Professional** come standard aziendale e le edizioni **Server** hanno acquistato significative quote di mercato sia sulle nuove installazioni che sulle conversioni di server esistenti, a spese soprattutto degli Unix commerciali.

Il 14 settembre dello stesso anno, Microsoft rilasciò un altro sistema operativo, destinato questa volta all'utenza domestica; il suo nome fu **Windows ME** (Windows Millennium Edition). Si trattava di un sistema ibrido tra 16 e 32-bit, ed era destinato, almeno nelle aspettative della società, a diventare il successore di Windows 98. Per la sua uscita, Microsoft preparò una campagna negli Stati Uniti chiamata **Meet Me Tour** (un gioco di parole dove "Meet Me" presentava due significati: "incontrami" oppure incontra "Me", dove con Me si indicava il sistema operativo).

Fu un evento che oggi chiameremmo "***multimediale***", svolto in contemporanea in 25 città americane. Windows ME non ebbe tuttavia un grande impatto con il pubblico, e *fu molto criticato dagli utenti* per la sua instabilità e inaffidabilità, dovuta a frequenti episodi di freeze e crash. Un articolo di PC World soprannominò Windows Me la "*Mistake Edition*" (traducibile con "*Edizione dell'errore*") e lo inserì al quarto posto nella lista dei "*Peggiori prodotti di tutti i tempi*".

Tra il 2000 e il 2001 Apple sfornò una serie di computer portatili, che sfoceranno poi con il rilascio sul mercato dei **MacBook Pro** e **MacBook Air**.
Da quel momento verranno divise le due linee di prodotto, per cui la storia del Macintosh procederà da quel punto in poi solo con i computer desktop. L'iMac del 2002 divenne un'icona di design. Ancora oggi è apprezzato, per la sua sfera, da cui esce lo schermo, e per le due casse circolari. Una forma, utilizzata anche in alcuni cartoni animati della **Pixar**, proprio per l'immagine simpatica che richiama alla mente.

Figura 123 L'iMac G4 è la seconda incarnazione del progetto iMac

Il 25 ottobre 2001, con il nome in codice **Whistler**, Microsoft lanciò quello che diventerà il sistema operativo più longevo della sua storia. Il suo nome commerciale fu **Windows XP**, ... vi suona familiare?

Figura 124 Windows XP - La schermata di avvio

Considerati i suoi undici anni di onorato servizio, ritengo possibile che possiate aver sentito parlare di lui... Il supporto di Microsoft per questo SO, è terminato l'8 aprile 2014, e volete sapere perché? Beh, semplicemente perché ad un certo punto in azienda si sono accorti che il "nonnetto", ben lungi dall'essere caduto nel dimenticatoio, continuava ad essere il maggior concorrente dei sistemi operativi che lo hanno seguito. La novità più appariscente di XP fu senza dubbio la nuova ***interfaccia grafica***, che presentava uno stile più moderno, con un "***Menu di avvio***" totalmente riprogettato, con l'aggiunta della funzione di raggruppamento automatico dei programmi usati più spesso, che comparivano sempre all'apertura del menù. Anche le finestre vantavano un design più gradevole, con bordi arrotondati. Windows XP, nonostante la decretata fine del supporto da parte di Microsoft, è rimasto ancora in uso per diversi anni su molti PC anche a livello professionale.

Le cose nel mondo dell'informatica corrono velocissime, e dal canto suo Apple, sull'onda del successo per il primo iPod nel 2001, decise di continuare su questa strada che la proiettava in un mercato, dove almeno inizialmente aveva pochissimi concorrenti.
Ogni edizione di iPod introduceva nuove ed estese funzionalità, nel 2007 però, venne presentato il modello che verrà battezzato "***iPod Touch***". L'iPod touch uscì con in dotazione l'***antenna WiFi***, integrava ***Safari***, il browser web di casa Apple, e la possibilità di vedere video in streaming da ***YouTube***; inoltre, grazie alla stessa connettività Wi-Fi,

diventava possibile accedere direttamente all'"*iTunes Wi-Fi Music Store*", il nuovo negozio online Apple dove è possibile acquistare le canzoni direttamente dal dispositivo.

Ma Apple, continuamente spronata dalle idee di Steve Jobs, riuscì a fare un nuovo ulteriore passo avanti. Il 9 gennaio 2007 durante la conferenza di apertura del **Macworld**, venne presentato il primo **iPhone**, un telefono talmente rivoluzionario che ha letteralmente cambiato il nostro modo di comunicare, ma ha influito tantissimo anche sulle nostre vite.

Figura 125 Steve Jobs, presentazione del primo iPhone - foto dal sito http://www.businessinsider.com

Da quel momento i dispositivi "*touch*", dove mouse e tastiera vengono sostituiti dalle dita, diventano sempre più diffusi. Da allora in poi, diventa realmente possibile portare con sé, non solo la propria musica, ma anche i video, le immagini, i libri, i film e perfino i propri siti web.
È stato con l'arrivo di questo genere di dispositivi che i social network, già in grande crescita negli anni immediatamente precedenti, diventarono parte integrante delle nostre vite. Basti pensare che **Facebook**, il social network creato da **Mark Zuckerberg**, in un solo anno, dal settembre 2006 al settembre 2007, passò dalla sessantesima alla settima posizione nella graduatoria del traffico sui siti web.
Dal luglio 2007, figurò nella classifica dei dieci siti più visitati al mondo e divenne il sito numero uno negli Stati Uniti per foto visualizzabili, con oltre 60 milioni di immagini caricate settimanalmente.

Lo strapotere di Apple sul mercato degli smartphone ebbe però presto un concorrente. Il 17 agosto 2005, **Google** acquistò **Android Inc.**, una società che aveva sviluppato un sistema operativo basato su Linux per adattarlo agli smartphone.

Ormai era chiarissimo, il colosso di Mountain View desiderava entrare nel mercato della telefonia mobile, ed è il caso di dire che la zampata fu molto pesante.
Considerando la sola smartphone audience italiana, composta da 34 milioni di utenti (il dato è dell'agosto 2017), Android mantiene la leadership con il 73,5%, seguito da Apple/iOS con una quota di mercato pari al 18,7%. In deciso calo Microsoft, scesa al 6,9%, mentre si assiste alla scomparsa progressiva degli altri sistemi operativi, complessivamente intorno all'1%. Microsoft, in questa corsa ha certamente perso (almeno per il momento) un treno importante, e sembra sia tagliata fuori da questo mercato. Ci ha provato, dapprima acquisendo **Nokia** (l'azienda finlandese produttrice di telefoni), sui quali era installato il sistema operativo "**Windows Phone**", ed ha poi tentato il "*colpaccio*", con "**Windows 10 mobile**", ma senza un vero e proprio risultato tangibile, tanto che presto il progetto venne abbandonato.
Vi sarete resi conto che in una manciata di anni le cose si sono evolute con una rapidità straordinaria, e soprattutto molte di queste realtà saranno in evoluzione costante nei prossimi tempi.
Molte saranno le novità introdotte dagli assistenti vocali, e dai chatbot, soprattutto se appoggiati a sistemi di *reti neurali*.
Siamo entrati ufficialmente nell'era delle **Intelligenze Artificiali** rilasciate pubblicamente e liberamente utilizzabili.

DALLA PREISTORIA AL WEB

LA STORIA DEI VIRUS

Adesso ditemi, chi di voi non è mai incappato in una "minaccia" informatica?
Ah sì, lo sapevo... il vostro silenzio racconta molto di più di mille parole... Lo so che vi è capitato!
Che vi siate presi un "*virus*", un "*trojan*" o, genericamente, un "*malware*", sono sicurissimo che non siate all'oscuro sull'argomento. Anche per quanto riguarda i tanto temuti e famigerati virus, c'è sempre bisogno di fare chiarezza. Un po' come abbiamo visto per gli Hacker, anche sui virus e sulla loro nascita, ma soprattutto sul motivo della loro diffusione, vi sono tantissime storie, spesso anche fantasiose, e si fatica molto a trovare delle informazioni certe.
La ragione di questa incertezza è presto detta:
I virus, nella loro accezione più autentica, sono software illegali e pertanto non documentati.

Chi programma un software di questo genere di certo non rilascia dei manuali e di solito si guarda bene dal pubblicare sul proprio sito web le specifiche tecniche.

Approcciando la storia dei virus ci accorgeremo di come le fonti sono spesso in disaccordo su dati e luoghi specifici, ma c'è una cosa su cui tutti sembrano concordare: il fatto che l'idea di "*virus informatico*" sia nata ben prima dei personal computer, proprio negli anni in cui i computer erano grandi e soprattutto molto costosi, prerogativa di grandi società come IBM e strutture governative.

Il termine "*virus*" venne utilizzato per la prima volta da **Len Adleman**, un ricercatore dell'Università Lehigh in Pennsylvania, che per primo paragonò il comportamento di un virus informatico a quello di un virus biologico, notando l'analogia tra il modo di auto replicarsi del software e il propagarsi dell'infezione in un organismo vivente.

Bene, vi ricordate di **John von Neumann**, colui che inventò l'architettura dell'EDVAC e che calcolò con l'EINAC la prima previsione meteorologica?
Fu proprio lui a dimostrare matematicamente nel 1949 la possibilità di costruire un programma per computer in grado di replicarsi

autonomamente.

In origine, questi programmi non furono creati per provocare danni; il concetto era quello di creare software che potessero svilupparsi autonomamente, e il primo passo era determinato dal processo di replicazione.

Se in questo processo di replicazione si verificava un errore, il codice, ovvero le informazioni codificate in bit che costituiscono il programma, risultava mutante.

Così come il codice mutante genetico determina la misura in cui un virus biologico è in grado di sopravvivere e diffondersi, il codice mutante digitale potrebbe determinare la misura in cui un virus informatico è in grado di sopravvivere nel suo ambiente.

Come conseguenza logica di tale teoria, trascorso un periodo di tempo sufficiente, un virus informatico potrebbe svilupparsi in qualcosa di simile a un'intelligenza artificiale.

Il concetto trovò la sua evoluzione pratica nei primi anni '60...

Volete sapere come? Beh, forse qualcuno stenterebbe a crederci... Tutto ebbe inizio con un gioco.

Immaginatevi nel New Jersey nel 1959, all'ingresso della sede centrale del ***Bell Laboratories della AT&T***, ci viene affisso alla giacca un "***pass***", su cui, a lettere cubitali, c'è la scritta "***Visitatore***". Ci raccomandano di tenere il lasciapassare bene in evidenza, a testimonianza del fatto che avremo il permesso di guardare, sì... ma non troppo.

Passeggiamo meravigliati tra gli interminabili corridoi, dove c'è un grande andirivieni di uomini e donne in camice bianco (sembra quasi di trovarsi in un ospedale), a cui si alternano altri uomini che indossano giacca e cravatta o un dimesso papillon.

Ad un certo punto, da uno dei laboratori arrivano degli strani schiamazzi. Ci avviciniamo e troviamo un gruppo di giovani programmatori intenti a giocare a un videogioco!

Il gioco si chiama "***Core Wars***" e non crediate che sia un gioco come quelli a cui siamo abituati noi giocatori del ventunesimo secolo. Qui la sfida si gioca a suon di software che devono lottare per poter sopravvivere sovrascrivendosi a vicenda.

Si tratta di un gioco "***di programmazione***" in cui due o più programmi da battaglia (chiamati "**Wares**", guerrieri) competono per il controllo del computer virtuale **MARS** (Array Memory Redcode Simulator).

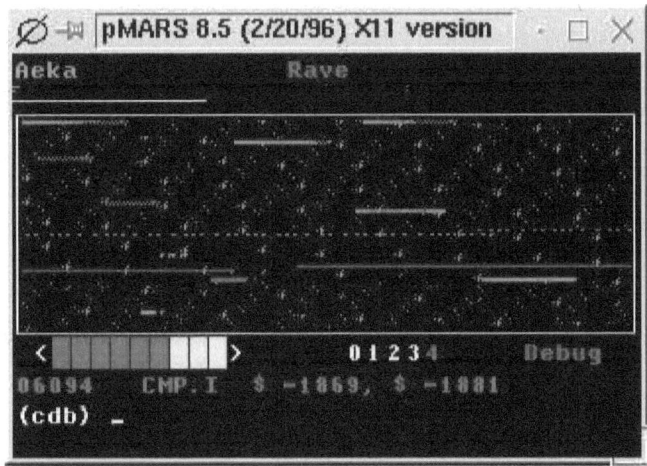

Figura 126: Il gioco "Core Wars"

Questi programmi sono scritti in un astratto linguaggio Assembly chiamato **Redcode**.
Il vincitore è colui che può vantare il maggior numero di virus riprodotti, cioè chi ha creato il virus più potente.

Il primo virus informatico simile a quelli moderni si può far risalire al 1971, quando Bob Thomas creò "**Creeper**" (rampicante), un virus che si diffondeva nella rete **ARPANET** tramite linea modem. Creeper non aveva un codice dannoso, ma si limitava a mostrare una scritta sullo schermo: "*Io sono il rampicante, prendimi se ci riesci!*"

Per eliminare Creeper, venne poi creato il programma **Reaper**.
Uno dei primi casi dannosi di virus risale al 1974, quando fu sviluppato "**Rabbit**", un programma che si propagò in una rete di tre computer IBM, con lo scopo di bloccarli.
Rabbit (coniglio) venne chiamato così proprio a causa della velocità con cui era in grado di replicarsi, mandando in crash il computer della vittima.
Negli anni '80, quando Internet non era ancora così diffusa, l'unico modo per diffondere virus verso l'esterno era tramite *floppy disk*.
Elk Cloner, nel 1981, fu il primo "**boot virus**", che infettava i dischetti dell'Apple II e poteva avere numerosi effetti, tra cui la visualizzazione di immagini e messaggi con testo lampeggiante.

Nel 1985 arrivarono i primi ***Trojan***.

Il *trojan horse* (Cavallo di Troia) è un programma apparentemente utile, ma che contiene funzioni nascoste, atte ad abusare dei privilegi dell'utente che lo esegue; il suo comportamento ed il nome si ispirano proprio alla vicenda epica descritta da Omero.

Nelle **Bbs** (i precursori dei siti web) venne diffusa la cosiddetta "***Dirty Dozen List***", una lista dei dodici trojan più pericolosi.

Il 1986 fu l'anno di "**Brain**" (cervello), creato da due fratelli in Pakistan, ***Amjad Farooq Alvi*** e ***Basit Farooq Alvi***, gestori di una software house, con l'intento di proteggere il loro software dalle copie illegali.

Brain infettava il settore di boot di un floppy disk, cambiando il nome del disco in "©***Brain***" e includeva nel codice una stringa di testo con i loro nomi, indirizzo e numero telefonico. Fu il primo virus ad interessare i computer IBM, ma anche il primo virus in grado di nascondere il codice dannoso; viene ricordato proprio in quanto fu in grado di produrre una vera e propria epidemia (segno che il software di contabilità creato dai due fratelli fu molto apprezzato).

Figura 127 Il Virus Brain

Una curiosità legata ai creatori di Brain: oggi, insieme al terzo fratello, guidano un ***Internet Service Provider*** di successo, denominato "***Brain Telecommunication Ltd***".

Sempre nel 1986 c'è da citare anche "***Virdem***", in grado di infettare i file con estensione "*.com*".

Virden fu però un virus dimostrativo, creato da ***Ralph Burger*** allo scopo di presentarlo alla conferenza del "***Chaos Computer Club***" (abbreviato "*CCC*", un'organizzazione di hacker fondata nel 1981, che ha sede in Germania).

Da questo primo virus, Burger ne ottenne uno successivo a cui diede il nome "*Vienna*" e ne parlò in un libro, introducendo in un certo senso la moda di scrivere virus.

Nel 1987 furono sviluppati diversi virus, come "*Lehig*", "*Surviv-1*", "*Surviv-2*" e "*Surviv-3*".

Degni di menzione sono sicuramente "*Stoned*", in grado di danneggiare il settore di avvio dell'hard disk impedendo l'avvio del sistema operativo, e "*Cascade*", l'antenato dei virus polimorfici.

Quello che è certo è che i virus per computer sono oggi una minaccia molto reale e lungi dall'essere debellati; nonostante aumenti al contempo anche la sicurezza dei sistemi operativi, essi continuano a proliferare, attaccando sistemi differenti.

Negli ultimi anni, ad esempio, stanno aumentando esponenzialmente i virus per Android, in perfetta relazione con la "*fama*" crescente di questo sistema operativo.

QR CODE, DIGITALIZZARE LA CARTA

Innanzitutto, proviamo a capire di cosa stiamo parlando. Il **QR Code** è un piccolo quadrato bianco e nero. Sì, lo so, è inutile che mi guardiate con quello sguardo strano... li vedo i vostri occhi dubbiosi, anche se tentate di nascondervi dietro le pagine del libro. Ma anche questa volta non sono impazzito... il QR Code è una *"semplice"* immagine che, se inquadrata attraverso un'apposita App sui nostri smartphone, può condurci verso un link contenente dati e informazioni. Magari non ci abbiamo mai fatto caso, ma ormai quel quadratino è adottato un po' ovunque, lo troviamo sulle confezioni dei prodotti così come nella cartellonistica pubblicitaria, ed è in grado di collegare *"graficamente"* il mondo fisico con quello virtuale. Tanto per farvi un esempio, provate ad inquadrare con la vostra App il QR Code qui riportato, e poi raccontatemi cosa succede...

Figura 128 : Esempio di QR Code

Questa versione "2.0" del codice a barre non è proprio recentissima, risale infatti al 1994.

Il Padre di questa piccola grande invenzione è **Masahiro Hara**, un ingegnere elettronico e managing director di **Denso Wave**, una sussidiaria di *Toyota*. La sua invenzione gli è valsa la candidatura all'**Oscar delle tecnologie di Berlino** nella categoria *"Paesi non europei"*. Questa avventura però nasce quasi per caso, infatti lui e il suo team erano impegnati in un tentativo di migliorare i processi logistici e produttivi della sua azienda. Il sistema da loro inventato ha, di fatto, rappresentato una rivoluzione per i sistemi di tracciamento ed identificazione di beni e componenti.

I codici a barre "*a matrice o 2D*" possono essere letti ovunque e in qualsiasi momento, offrono quindi una maggiore versatilità d'uso rispetto ai tradizionali codici a barre lineari ma anche una migliore qualità di scansione e acquisizione dati; essi sono in grado di fornire un accesso rapidissimo ai contenuti digitali del prodotto o servizio a cui sono associati. Nel 1999 **Denso Wave** ha deciso di distribuire i codici QR sotto *licenza libera*, favorendo così la loro diffusione iniziale in Giappone. Nello stesso anno, NTT docomo, la principale compagnia di telefonia mobile del Giappone, ha lanciato *i-mode*, sistema per l'utilizzo del web dal telefono cellulare.

In poco tempo, i-mode divenne molto popolare tra i giapponesi, e già all'inizio del XXI secolo cominciavano ad essere sviluppate applicazioni per i cellulari, in un'epoca in cui i cellulari non erano certo degli smartphone. Il QR code, tra le altre cose, va a colmare un limite presente nei barcode, quello di contenere più di 20 caratteri alfanumerici e in un numero limitato di possibili combinazioni. Un limite che, con l'incalzare del digitale, cominciava a farsi sentire in modo pressante, poiché l'informazione che rappresenta un asset diventava fondamentale.

Il codice Qr trasmette informazioni in base alla disposizione e ogni componente scuro o chiaro rappresenta un'istanza specifica del codice binario composto da 0 e 1. Possono essere impiegati per leggere circa 7mila diversi caratteri numerici e utilizzati come contenitore digitale di caratteri alfabetici, idiomi e simboli giapponesi, cinesi o coreani, oltre che dati binari. Tra l'altro, nella loro progettazione è inserito anche uno strumento di correzione dell'errore per rimediare ad eventuali distorsioni del modello. Lo spazio vuoto che incornicia il codice consente di assicurare che le marcature circostanti non vengano erroneamente interpretate come codice. Un aspetto che rappresenta un notevole vantaggio in molti e differenti campi di applicazione, anche critici, come la gestione dell'inventario di magazzino o il controllo dei biglietti e delle carte d'imbarco al gate di un aeroporto, fino ad arrivare, ad esempio, al tracciamento di campioni biologici in ambito sanitario.

Questa innovazione tecnologica è ormai un processo completato soprattutto negli Stati Uniti, dove già nel 2011 arrivava a una fetta di mercato dell'80%. **Un'applicazione che, per poter funzionare, richiede semplicemente un qualsiasi smartphone** e un'apposita app che interpreta i segni bianchi e neri del piccolo quadratino e che nel contempo ci apre la porta della controparte virtuale (una pagina Web, un'immagine digitale, un messaggio di testo). In pratica, rappresenta in qualche modo la vita digitale di un oggetto fisico. Il tutto gratuitamente, senza costi di licenza, anche se il marchio **QR Code è naturalmente protetto da copyright**.

L'IMMAGINE DI COPERTINA

L'immagine scelta per la copertina è un'opera dell'italiano Umberto Romano, per la precisione un murales del 1937 intitolato "*Mr. Pynchon and the Settling of Springfield*", dove uno dei protagonisti sembra avere in mano quello che in molti sostengono trattarsi di uno smartphone.

Figura 129 Umberto Romano - "Mr. Pynchon and the Settling of Spring field" - 1937

Il murales di Romano vuole documentare e rappresentare l'incontro avvenuto nel 1630 tra due importanti tribù del **New England**, ovvero i *Nipmuc* e i *Pocumtuc*, ed i coloni inglesi che abitavano quello che attualmente è il **Massachusetts**.

Ma come è possibile che Romano abbia disegnato un telefonino di ultima generazione circa 86 anni fa?

Impossibile visto che i primi progetti di smartphone risalgono al 1973, mentre il primo mai realizzato è del 1993.
La notizia, come potrete immaginare, ha fatto un discreto scalpore in rete, e ovviamente il mistero è stato presto risolto.

L'oggetto in questione è semplicemente uno specchio.

Questo aspetto simpatico che ho scelto di rappresentare apre però ad uno scenario che nella nostra era sta diventando assai problematico, tanto che perfino i big del web (Google e Facebook in primis) stanno cercando soluzioni in merito.

La problematica in questione è quella della diffusione veloce ed efficace delle cosiddette *"bufale"*, altrimenti chiamate *"Fake News"*.

Ma cosa sono le bufale?

Per spiegarvelo cito il bell'articolo di Massimo Uccelli su "**Social And Tech**", portale che si occupa di Tecnologia a "*tutto tondo*":

> "*Iniziamo prima con la definizione: Il termine bufala indica, in lingua italiana, un'affermazione falsa o inverosimile.*"

Oggi ognuno di noi ha sicuramente in tasca uno smartphone ed è molto probabile che lo usi per i social, oltre che ovviamente per telefonare...

La facilità di utilizzo di questi ultimi e la libertà che abbiamo nel postare ciò che vogliamo, quindi la libertà di parola, è sicuramente un'ottima cosa, ma spesso bisogna stare attenti.

Per quale motivo? Per il fatto che riceviamo tantissime informazioni da amici e conoscenti, che diamo spesso per veritiere solamente perché ce le inoltrano persone conosciute. A volte non diamo valore alle richieste e alle notizie. Confondiamo la giustezza o la veridicità delle stesse, con il fatto che noi siamo dei tramiti per una buona causa, che con l'inoltro del messaggio facciamo solo del bene.

Ma ne siamo proprio sicuri? Alcuni esempi:

Notizie come...

"*Mi aiuti a diffonderlo? C'è bisogno di sangue A RH negativo per una bambina che sta molto male. Aiutate a diffonderlo. La referente è Elisa Montagnoli*" con tanto di nome, cognome e numero di telefono della responsabile cui farebbe capo l'appello alla solidarietà.

...oppure

"*Dite a tutti i contatti della vostra lista di Messenger di non accettare la richiesta di amicizia di un certo XXXXXXX XXXXXXX. È un hacker e ha collegato il sistema al tuo account di Facebook. Se uno dei tuoi contatti lo accetta, ti verrà attaccato anche a te, quindi assicuratevi che tutti i tuoi amici lo conoscano. Grazie. Inoltralo come ricevuto.*
Tieni premuto il dito sul messaggio. In basso al centro dirà in avanti. Fai clic col tasto che fa clic sui nomi di quelli presenti nella tua lista e lo invierà."

Se consideriamo che, secondo il **Rapporto Censis** sulla comunicazione, Facebook è ad oggi la seconda fonte di informazione privilegiata dagli italiani dopo i telegiornali (35%), ma tra gli under 30 si arriva al 48,8%, possiamo renderci conto di quanto importante sia l'impatto dei social network sull'informazione.

Le notizie false, solitamente, sfruttano tutta una serie di "***debolezze emotive***" dei lettori, diventa molto chiaro quindi comprendere il mix esplosivo che esse possono generare.

Sono evidentemente studiate per provocare istintivamente un moto di disappunto, che generalmente ci fa saltare quella fascia di opportuna prudenza in nome dell'indignazione che esse ci provocano.
Per questa ragione, dunque, è sempre bene, prima di disseminare in ogni dove una notizia, soprattutto se istintivamente ci fa gridare allo scandalo, verificarla e capire se è o meno confermata anche da altre testate.

Ma chi guadagna con le bufale?

Un po' di luce viene fatta in un articolo di **Alberto Magnani** sul sito del "***Sole 24 Ore***":

"**Qualche dato arriva dagli Stati Uniti, dove c'è chi sostiene che il boom di notizie fake abbia favorito l'ascesa e l'elezione di Donald Trump alla Casa Bianca**".

Un esempio su tutti è quello di **Paul Horner**, un riconosciuto creatore

di contenuti fittizi con tanto di pagina personale Wikipedia. In un'intervista rilasciata al **Washington Post**, ha dichiarato di guadagnare *diecimila dollari al mese da Google AdSense*, con picchi di diecimila dollari al giorno per le storie più virali.
Insomma, monetizzare con le bufale, sfruttando i meccanismi del cosiddetto *pay for click*, non solo è possibile, ma anche legale (ancora per poco si spera).

Paolo Attivissimo, è un personaggio molto conosciuto sul web per essere (tra le altre cose) un "*cacciatore di bufale*". Il suo blog (https://bufalopedia.blogspot.it) offre infatti, da diversi anni, un servizio che si occupa di stanare le fake news che girano in rete.
Di recente Paolo ha collaborato ad un celebre servizio delle Iene ed ha rilasciato la seguente dichiarazione:
*"Insieme a David Puente abbiamo smascherato un network di portali di fake news il cui unico scopo era quello di fare profitti.
E' importante sapere che alcuni dei siti che riteniamo essere fonte di notizie, in realtà sono fonte di frottole, ma non perché hanno un ritorno di propaganda o perché sono affiliati politicamente a qualcuno, ma semplicemente perché sono attratti da facili guadagni"*.

Claudio Michelizza, di *Bufale.net*, il sito in prima linea per smascherare falsi e bufale attraverso il **"fact checking"**, ovvero la verifica delle fonti, getta un po' di acqua sul fuoco:

"Il fenomeno delle bufale è sicuramente in diminuzione. C'è una maggior consapevolezza da parte degli utenti e ci sono degli strumenti che aiutano l'utente a smascherare le bufale come la nostra estensione per browser scaricabile gratuitamente".

Qui sotto ecco un piccolo elenco di siti che si occupano di smascherare le fake news:

    Bufale.net (bufale.net)
    Bufale un tanto al chilo (butac.it)
    Bufale e dintorni (bufaleedintorni.wordpress.com)
    Bufalopedia (bufalopedia.it; antibufala.info)
    CICAP (www.cicap.org)

David Puente (davidpuente.it)
Giornalettismo (www.giornalettismo.com)
Il Post (ilpost.it)
Leggende Metropolitane (leggendemetropolitane.net)
MedBunker (medbunker.blogspot.com)

Prima di diffondere una notizia, soprattutto se questa istintivamente vi fa gridare allo scandalo..., ricordatevi di dare un'occhiata!

CONCLUSIONE

Il Racconto del nostro viaggio nella storia si ferma qui, ma badate bene, quello che si ferma è solo il racconto, non certo il viaggio.
Il viaggio è tuttora in corso e la nave che solca il grande oceano della tecnologia è tuttora in mare aperto.
Avrete sicuramente notato che non tutto è stato detto, che non tutti i passaggi storici sono stati citati e che molte realtà pur importanti del panorama informatico sono state volutamente o inavvertitamente saltate.

Avrete notato anche che la narrazione si ferma alla nascita degli mp3 e alla conseguente nuova rivoluzione dettata dal web, con tutto il bailamme di applicazioni ad esso collegate.

Ma se ci pensate bene, per affrontare tutto questo insieme di argomenti un solo libro non basta.

Ciò che è stato raccontato in questi capitoli è senza dubbio una "***storia particolare***", che continuamente, si intreccia e a volte si scontra con la "***Storia dell'uomo***" ... quella con la "***S***" maiuscola, quella che ci vede tutti coinvolti.

Per questo motivo mi sembra ancora più importante la dedica posta al principio di questo racconto.

Il Digitale è una grande e reale opportunità, ma lo è solo se la sfida che continuamente ci lancia viene colta in modo consapevole, altrimenti, come ricordava il già citato in queste pagine Riccardo Luna, di essa restano solo i rischi.

Mi auguro chiunque usi la tecnologia, diventi sempre più consapevole degli strumenti e delle possibilità che essa offre, ma che, d'atra parte, chiunque ne cogla le reali potenzialità, sia anche in grado di usarli con vera saggezza.

"Da un grande potere derivano grandi responsabilità"

Giusto per quei due o tre al mondo che non conoscono la citazione...

"Lo zio Ben Parker nel film Spider-man"

POSTFAZIONE

Dall'analogico al digitale: i rischi connessi all'evoluzione dei computer e dei tecno-oggetti in unasocietà in profondo mutamento.

"Al principio era il piede"

(Marvin Harris - La nostra specie - 1990)

La frase citata, presente nel libro "La Nostra specie" dell'antropologo statunitense Marvin Harris, mi è subito balzata alla mente durante la lettura di questo bellissimo libro. L'autore ripercorre le origini storiche della nascita dei computer, tocca un nodo importantissimo dell'evoluzione umana. L'uomo cerca di rispondere ai propri bisogni utilizzando ciò che trova in natura ed adattandolo, grazie alla propria intelligenza. L'evoluzione della società e la conseguente complessità dei sistemi portano alla creazione di soluzioni per superare le difficoltà, così come l'uomo conquistando la posizione eretta libera il corpo e lo specializza: la deambulazione per gli arti inferiori e la prensione per gli arti superiori. Il piede è anche un'unità di misura e questo ben si collega alle principali esigenze di contare che si presentarono ai nostri avi nell'era preistorica.

Un altro aspetto interessante messo in luce dall'autore è il concetto di digitale e come esso derivi da digitus, cioè dito, e in questa sede non può mancare l'accenno di come l'uso della mano per creare e del dito indice per indicare, diventino fondamentali nell'utilizzo della tecnologia dei touchscreen. Se da un lato un dito ci permette di "dominare" applicazioni, scorrere testo, ingrandire immagini per scorgere particolari, dall'altro, è curioso notare un forte ritorno a modalità dirette e tattili nella scrittura con gli strumenti della tecnologia digitale contrapposti al ritorno di "penna e calamaio" nei mercatini dell'usato o ancora la possibilità di trovare, in alcune cartolerie specializzate, una riedizione della penna in piuma d'oca o di pennini per varie esigenze di scrittura con annesse boccette d'inchiostro in eleganti e sobrie confezioni. Sembra un continuo corso e ricorso storico, in un perenne equilibrio tra riscoperta di un passato, per lo più molto vicino al famoso "vintage", e l'aspirazione a novità positive in grado di velocizzare un presente non all'altezza delle aspettative.

L'antropologo, Duccio Canestrini, molto incline allo studio della "antropologia pop", cioè un'antropologia della globalizzazione, ha recentemente tenuto diverse conferenze-spettacolo sulla figura dell'"***Homo Informaticus***"[1]. La tecnologia viene mostrata sempre come un mezzo: affascinante, fulmineo perché in grado di raggiungere in pochi secondi una grande moltitudine di persone, ma sicuramente non innovativo…eh si, poiché tutto ciò che facciamo ogni giorno sui social network, come ad esempio FaceBook, non è altro che comunicare ed allora le pitture rupestri possono tranquillamente essere definite come il progenitore delle nostre bacheche virtuali!

Altro simpatico aneddoto, che Canestrini racconta, è il singolare cognome di chi per la prima volta ha utilizzato la parola "informatica" cioè Karl Steinbuch - letteralmente - Carlo Librodipietra!

Canestrini nei suoi spettacoli affronta i sistemi di numerazione come il Quipu, ben raccontato dall'autore, e tanti altri modi per contare e descrivere un determinato fatto.

L'antropologo si focalizza anche sulle distopie, cioè utopie negative, che la tecnologia e l'informatica potrebbero generare: dal famoso effetto Truman Show, alla possibilità di controllo della popolazione attraverso i computer. Se da un lato il cyborg, l'organismo cibernetico, può creare inquietudini dall'altro ha saputo quasi "predire" il futuro con la nascita di robot e di importanti passi nella biotecnologia.

---

1 È possibile vedere un riassunto di una delle conferenze-spettacolo "Homo informaticus" al seguente indirizzo:
https://www.youtube.com/watch?v=ttRuNJfPZJ4

Impossibile non cadere nel tranello che ci tende una innovazione tecnologica, o, comunque qualsiasi cosa che ci permette di risolvere in un istante un problema: quella sorta di "aurea magica" che permea gli oggetti tecno-amichevoli, come li definisce l'antropologo Franco Lai nel suo libro2, e di questo se ne accorgono molto velocemente tutte le case produttrici ed i professionisti del marketing. Il caso Apple con le sue pubblicità è emblematico. La continua ed impaziente attesa prima del lancio di un dispositivo stuzzicata da ricorrenti rumors, diventa aspettativa esasperata che esplode in applausi liberatori, quando viene svelato l'oggetto tecnologico che risolverà il "finto" problema alla base del meccanismo ansiogeno, grazie alla figura di Tim Cook o altri ingegneri dell'azienda, vera e propria sorta di "guru-stregoni" in grado di mandare quasi in estasi gli amanti della mela morsicata…non sono certo il primo ad accostare il comportamento del marchio ad una sorta di "credo religioso".

In questo viaggio ondulatorio tra passato e presente, tra positivo e negativo troviamo l'importanza della tecnologia come strumento di lavoro, ma che non deve travalicare questo confine poiché, in caso contrario, si può trasformare in dipendenza ecco allora la nascita del concetto di Digital Detox, cioè il "disintossicarsi" dall'uso intensivo della tecnologia.

In un recente libro intitolato proprio "Digital Detox", l'autore, Alessio Carciofi, segnala come molti manager di grandi industrie americane non siano in grado di completare il proprio lavoro nei tempi stabiliti, perché troppo distratti da continue interruzioni di concentrazione causati da notifiche come quelle di Whatsapp, Telegram, email ecc.

La prima considerazione da fare è il concetto di tempo, infatti, con l'avvento dell'industrializzazione il ciclo contadino con i suoi ritmi legati alla semina ed al raccolto hanno lasciato spazio ad un tempo lineare, che a sua volta si sta evolvendo un tempo continuo dove le pause dal lavoro devono essere quasi "rubate": il 24 ore su 24 e 7 giorni su 7 si caratterizza perché svuotato di ritmo, monotono e senza divenire. La distrazione digitale per

---

2 cfr. Tecno oggetti amichevoli, la mela Morsicata e il consumo delle Tecnologie, Franco Lai, CISU (Centro d'Informazione e Stampa Universitaria), Roma 2015

lavoratore, in media una ogni 180 secondi, costa per l'economia americana, attraverso un calo di produzione, circa 650 miliardi di dollari poiché per controbilanciare questo enorme afflusso di informazioni si tende ad utilizzare il multitasking, ritenuto dall'autore e da diversi psicologi, una forma di "regresso" accettata e non una competenza performante. Secondo uno studio del 2016 del Chartered Management Institute, Quality of Working Life, i manager sono sempre più oberati di lavoro e hanno livelli di sofferenza altissimi, il 77% dichiara di lavorare almeno un'ora in più al giorno ed è semplice stabilire una media lavorativa extra di ben 29 giorni all'anno. Il 61% degli intervistati afferma che è difficile dividere il tempo lavorativo da quello libero e ben il 54% controlla spesso le email fuori dal normale orario di lavoro con il 21% che controlla sempre la casella di posta elettronica.

Un altro studio svolto dalla Florida University ha dimostrato come le notifiche riescono a distrarre anche quando il telefono è in modalità silenziosa. La ricerca ha dimostrato come una notifica riesca ad interrompere il flusso di lavoro facendo perdere in media circa 24 minuti per ritornare alla massima concentrazione.

Enrico Brignano, in un suo spettacolo[3], descrive come le persone, reagiscono di fronte ad una doppia spunta azzurra di Whatsapp, segno che il messaggio inviato è stato ricevuto, letto...ma ancora non risposto...l'ansia ci pervade: perché il destinatario non vuole risponderci? Forse lo abbiamo irritato/deluso?...L'ansia aumenta e solo con un telefonata, ben 15 minuti dopo!, tutto si chiarisce...magari il destinatario è occupato a espletare "compiti più importanti"!

L'attore continua nel suo sketch, raccontando quando, per un periodo limitato, Whatsapp ha rischiato di diventare a pagamento, un costo di ben 0.89 € una tantum, e come l'opinione pubblica sia insorta contro questo paventato pericolo...quasi a trasformare Whatsapp in un bene di prima necessità!

---

[3] È possibile vederelo spezzone analizzato al seguente link:
https://www.youtube.com/watch?v=4jjU9Jl3-78&list=RD4jjU9Jl3-78&t=19

Forse è proprio il sostituire il mezzo con il fine che ha trasformato i sistemi di messaggistica instantanea in un bene di primaria importanza. Non siamo più in grado di emozionarci davvero o di avere un dialogo semplice senza ricercare nelle parole di chi ci ascolta un feedback positivo. A questo proposito trovo molto illuminante un video dal titolo "Ti senti schiavo della tecnologia?"4 dove si descrive quanto appena affermato in maniera magistrale: ci pervade un senso di nostalgia del tempo che passa e di come immersi in un eterno presente non cogliamo l'immenso valore che stiamo perdendo.

Questa continua presenza online senza la giusta concentrazione ed attenzione può addirittura renderci indifesi e vulnerabili, poiché ogni giorno accettiamo lunghi documenti sulla privacy (che spesso non leggiamo), diamo informazioni sensibili in pasto a social network e con tante altre azioni ci esponiamo quasi inconsciamente a grandi rischi. Uno spot pubblicitario belga5 ha saputo ben rappresentare quanto appena accennato. Nel centro di una piazza un attore si finge sensitivo ed invita nella sua tenda i passanti con la scusa di poter leggere loro la mente. Con grande stupore delle persone che accettano, il medium non solo è in grado di descrivere in modo dettagliato la casa dove abitano, oppure se hanno problemi di salute oppure ancora se hanno segni particolari come tatuaggi...ma addirittura con la "sola forza della mente" sa che i conti bancari sono in rosso, conosce i codici IBAN o i codici delle carte di credito!

Alla fine dello spot si scopre il trucco: si toglie una parete della tensostruttura e appaiono 4 persone a volto coperto ed una decina di computer dove sui loro monitor sono presenti le informazioni, appena declamate dal sedicente sensitivo, recuperate attraverso normalissimi profili social dei mal capitati!

4 È possibile rintracciare il video al seguente indirizzo: https://www.youtube.com/watch?v=MfHfpqNUWaw

5 È possibile rintracciare lo spot pubblicitario al seguente indirizzo: https://www.youtube.com/watch?v=qYnmfBiomlo l'intervento di Paolo Bonolis al seguente indirizzo: https://www.youtube.com/watch?v=ttRuNJfPZJ4

Un'ultima riflessione sul tema ce la offre Paolo Bonolis, famoso conduttore televisivo, che invitato al "TEDXLUISS"[6] importante osservatorio della conoscenza e condivisione, da persona analogica come si definisce richiama un racconto di fantascienza dove alla domanda pre-impostata "Dio esiste?" i grandi PC realizzati dagli uomini sapranno rispondere affermativamente solo nel momento in cui sulla Terra non sarà più presente l'essere umano. Il testo serve per riflettere sul continuo delegare ad una macchina ciò che con semplice allenamento della nostra mentre potremmo ricordare, oppure ancora, sul metodo con cui veniamo a conoscere ed imparare, sempre più indotto dove assimiliamo senza mettere in gioco i nostri 5 sensi.

Infine, Bonolis si sofferma sul profondo disagio che i nativi digitali possono incontrare: l'assenza del tempo e dello spazio nel mondo virtuale rispetto al mondo reale in cui i giovani sono immersi e la relativa valenza che tempo e spazio hanno nella vita di ciascuno di noi. Solo la fatica che si impiega per raggiungere un tale obbiettivo ci fa assaporare il valore dello stesso così come per raggiungere un determinato luogo riusciamo ad immagazzinare informazioni e ricordi solo se siamo costretti a faticare. Insomma, l'attesa ed il suo smarrimento creano disagio non permettono di riappropriarci del nostro vero essere e con tutti i nostri limiti.

Interessante notare come Bonolis, sentendosi sconfitto davanti ad un pubblico di giovani, conclude il suo intervento ricordando la seguente frase:

"L'uomo assomiglia ai suoi tempi più di quanto assomigli a suo padre"

(Guy Debord - Commentari sulla società dello spettacolo - 2012)

---

6 Il TED (Technology Entertainment Design) è un marchio di conferenze statunitensi gestita da un organizzazione privata non-profit che ha come obiettivo la formula "idea worth spreading" (idee che val la pena dif ondere". È possibile vedere l'intervento di Paolo Bonolis al seguente indirizzo: https://www.youtube.com/watch?v=ttRuNJfPZJ4

Con l'augurio che le generazioni future continuino sempre a "far fatica" per raggiungere i propri sogni!

Samuel Piana

BIBLIOGRAFIA

- E. Montella, 2004 PDF - Mini storia dei computer

- Storia di IBM Italia - www.ibm.com/it/80anni/

- Quarant'anni di storia della Olivetti - web.infinito.it- StoriaOlivetti.doc

- Storia di Apple (formato .pdf)
www.unina2.it/odontoinformatica/files%20pdf/AppleStory.pdf

- Wikipedia - Bill Gates http://it.wikipedia.org/wiki/Bill_Gates

- Wikipedia – Steve Jobs - http://it.wikipedia.org/wiki/Steve_Jobs

- Cinque cose di Steve Jobs che non sapevate
http://cultura.panorama.it/libri/steve-jobs-segreto-brennan

- The Secret Origin of Windows
http://technologizer.com/2010/03/08/the-secret-origin-of-windows/

- Video dello sbarco sulla luna (diretta RAI del 1969) www.twlwvideo.rai.it

- Docente - Maria Antonietta Vaccaro articolo sulla vita di Alan Turing
www.marvasis.it/materiali/Turing_macchin1.htm

- Il monopolio nel mercato del software (Prof. G. Paolo Caselli)
www.istitutomajorana.it/scarica2/monopolio_microsoft.pdf

- L'accordo tra Microsoft e Apple articolo di Anna Lisa Bonfranceschi – vired.ithttp://daily.wired.it/news/economia/

- Storia di Olivetti.it - www.storiaolivetti.it

- Breve storia dei motori di ricerca -
www.searchengine.altervista.org/storia.html

- De Benedetti rifiutò Jobs e Wozniak
www.webnews.it/2014/05/06/de-benedetti-steve-jobs-steve-wozniak/

- IT nell'attività bancaria - Prof. Marco De Marco presentazione Power

Point

- Storia della Programma 101 - Documentario sulla storia della P101 Trasmesso da History Channel

- Steve Jobs, L'intervista perduta reperibile presso il sito "Feltrinelli real cinema" http://www.realcinema.it/

- Addio a Douglas Engelbart l'inventore del mouse

- Graciete (sito web) http://graciete.altervista.org/2011/08/padre-roberto-busa-linformatico-con-la-tonaca/

- Duemilalibri ricorda il "Cristoforo Colombo dell'informatica" http://www.varesenews.it

- Roberto_Busa Wikipedia -https://it.wikipedia.org/wiki/Roberto_Brusa

- Anna Lisa Bonfranceschi - Il primo computer della storia https://www.wired.it/attualita/tech/2014/05/12/primo-computer-storia/

- Uno smartphone in un dipinto del 1937, come è possibile? http://www.105.net/news/tutto-news/237356/uno-smartphone-in-un-dipinto-del-1937-come-e-possibile.html

- La rivoluzione Qr Code viene dal Sol Levante di Gianni Rusconi http://nova.ilsole24ore.com/progetti/la-rivoluzione-qr-code-viene-dal-sol-levante

- Una breve storia dei telefoni cellulari dal 1973 a oggi - stelladoradus http://www.stelladoradus.it/la-storia-dei-telefoni-cellulari/

- Marco Canestrari - ilfattoquotidiano.it https://www.ilfattoquotidiano.it/2016/05/06/bufale-ecco-perche-sono-redditizie-e-pericolose/2697453/

- Tre italiani su 4 hanno uno smartphone con sistema operativo Android. La fotografia di comScore sul mercato italiano (INFOGRAFICHE) ttp://www.primaonline.it/2017/08/30/260547/fotografia-comscore-mercato-italiano-smartphone-a-giugno/

- Estratto spettacolo Homo Informaticus - Duccio Canestrini
https://www.youtube.com/watch?v=ttRuNJfPZJ4

- Stregone belga social network
https://www.youtube.com/watch?v=qYnmfBiomlo

- La droga di whatsapp - Enrico Brignano
https://www.youtube.com/watch?v=4jjU9Jl3-78&list=RD4jjU9Jl3-78&t=19 ()

- "Ti senti schiavo della tecnologia?"
https://www.youtube.com/watch?v=MfHfpqNUWaw ()

- Intervento di Paolo Bonolis a TEDXLUISS
https://www.youtube.com/watch?v=RgeDF9_gQCM ()

- Commentari sulla società dello spettacolo, Guy Debord, Fausto Lupetti Editore, agosto 2012

- Digital Detox. Focus & produttività per il manager nell'era delle distrazioni digitali, Alessio Carciofi, Hoepli, marzo 2017

- Tecno oggetti amichevoli, la mela Morsicata e il consumo delle Tecnologie, Franco Lai, CISU (Centro d'Informazione e Stampa Universitaria), Roma 2015

- La Nostra Specie, Marvin Harris, Rizzoli, Milano 1990

- È possibile vedere un riassunto di una delle conferenze-spettacolo "Homo informaticus" al seguente indirizzo:
https://www.youtube.com/watch?v=ttRuNJfPZJ4

- È possibile vedere lo spezzone analizzato al seguente link:
https://www.youtube.com/watch?v=4jjU9Jl3-78&list=RD4jjU9Jl3-78&t=19

- È possibile rintracciare il video al seguente indirizzo:
https://www.youtube.com/watch?v=MfHfpqNUWaw

- È possibile rintracciare lo spot pubblicitario al seguente indirizzo:
https://www.youtube.com/watch?v=qYnmfBiomlo

- Il TED (Technology Entertainment Design) è un marchio di conferenze statunitensi gestita da un organizzazione privata non-profit che ha come obiettivo la formula "idea worth spreading" (idee che val la pena diffondere". È possibile vedere l'intervento di Paolo Bonolis al seguente indirizzo: https://www.youtube.com/watch?v=ttRuNJfPZJ4

-Alberto Magnani - Il Sole 24 Ore" - Fare soldi con le bufale: ecco come guadagnano i siti di notizie.
fakehttp://www.ilsole24ore.com/art/mondo/2016-12-20/fare-soldi-le-bufale-ecco-come-guadagnano-siti-notizie-fake 172031.shtml?uuid=ADgonRHC

-Marco Trabucchi - Vanity Fair - articolo - Fare i soldi con le fake news https://www.vanityfair.it/mybusiness/

news-mybusiness/2017/06/01/fare-soldi-con-le-fake-news

-Paul_Horner pagina wikipedia - https://en.wikipedia.org/wiki/Paul_Horner

-Massimo Uccelli - Social and Tech - Articolo - Perchè sei anche tu nella catena delle bufale? - https://www.socialandtech.net/perche-sei-anche-tu-nella-catena-delle-bufale/

INDICE ANALITICO

PREFAZIONE 3

RINGRAZIAMENTI 7

PREMESSA 11

COS'È UN COMPUTER? 17

L'ERA DIGITALE 21

I PRIMI STRUMENTI 27

L'ECCEZIONE NELLA STORIA ANTICA 33

LE MERAVIGLIE DELLA MECCANICA 37

DALLE SCHEDE PERFORATE AL SOFTWARE 47

LA MACCHINA DA SCRIVERE 49

IL FUTURISMO, IL CINEMA E IL COMPUTER 53

UNA LUNGA STORIA CHIAMATA "IBM" 57

ENIAC, IL "CERERVELLONE" 67

UN'AVVENTURA TUTTA ITALIANA 75

IL PRIMO DESKTOP COMPUTER DELLA STORIA 83

SOFTWARE, SISTEMA OPERATIVO E LINGUAGGI DI PROGRAMMAZIONE 89

GRACE MURRAY HOPPER – LA REGINA DELL'INFORMATICA 103

L'ERA DEI SEMICONDUTTORI 105

L'INVENTORE DEL MOUSE 111

IL PADRE DEI MICROPROCESSORI 115

SAN TOMMASO E IL COMPUTER 121

IL COMPUTER SULLA LUNA 125

LA NASCITA DI UNIX 131

I TRENINI ELETTRICI E GLI HACKER 137
LA NASCITA DEL PERSONAL COMPUTER 145
LA RETE DELLE RETI 151
INTERNET IN ITALIA È ARRIVATO DAL CIELO 161
BILL GATES E LA MICROSOFT 167
JOBS, WOZ E LA NASCITA DELLA MELA 177
IL MONDO CAMBIA IN FRETTA 187
LA STORIA DEL FOGLIO ELETTRONICO 201
UNA RIVALITÀ STORICA 207
LA NASCITA DI LINUX 219
LA GUERRA DEI BROWSERS 227
A VOLTE SERVE ACCORDARSI 233
METTI LA MUSICA IN TASCA… E NAVIGA 239
IL FUTURO È GIÀ COMINCIATO 247
LA STORIA DEI VIRUS 255
QR CODE, DIGITALIZZARE LA CARTA 261
L'IMMAGINE DI COPERTINA 265
CONCLUSIONE 271
POSTFAZIONE 275

Dall'analogico al digitale: i rischi connessi all'evoluzione dei computer e dei tecno-oggetti in unasocietà in profondo mutamento. 277

BIBLIOGRAFIA 285

DALLA PREISTORIA AL WEB

www.ingramcontent.com/pod-product-compliance
Lightning Source LLC
Chambersburg PA
CBHW031610210526
45464CB00004B/1512